電子・デバイス部門
- 量子物理
- 固体電子物性
- 半導体工学
- 電子デバイス
- 集積回路
- 集積回路設計
- 光エレクトロニクス
- プラズマエレクトロニクス

新インターユニバーシティシリーズの刊行にあたって

編集委員長 稲垣康善

　各大学の工学教育カリキュラムの改革に即した教科書として，企画，刊行されたインターユニバーシティシリーズ*は，多くの大学で採用の実績を積み重ねてきました．

　ここにお届けする新インターユニバーシティシリーズは，その実績の上に深い考察と討論を加え，新進気鋭の教育・研究者を執筆陣に配して，多様化したカリキュラムに対応した巻構成，新しい教育プログラムに適し学生が学びやすい内容構成の，新たな教科書シリーズとして企画したものです．

*インターユニバーシティシリーズは家田正之先生を編集委員長として，稲垣康善，臼井支朗，梅野正義，大熊繁，縄田正人各先生による編集幹事会で，企画・編集され，関係する多くの先生方に支えられて今日まで刊行し続けてきたものです．ここに謝意を表します．

新インターユニバーシティ編集委員会

編集委員長	稲垣 康善	(豊橋技術科学大学)
編集副委員長	大熊 繁	(名古屋大学)
編集委員	藤原 修	(名古屋工業大学)[共通基礎部門]
	山口 作太郎	(中部大学)[共通基礎部門]
	長尾 雅行	(豊橋技術科学大学)[電気エネルギー部門]
	依田 正之	(愛知工業大学)[電気エネルギー部門]
	河野 明廣	(名古屋大学)[電子・デバイス部門]
	石田 誠	(豊橋技術科学大学)[電子・デバイス部門]
	片山 正昭	(名古屋大学)[通信・信号処理部門]
	長谷川 純一	(中京大学)[通信・信号処理部門]
	岩田 彰	(名古屋工業大学)[計測・制御部門]
	辰野 恭市	(名城大学)[計測・制御部門]
	奥村 晴彦	(三重大学)[情報・メディア部門]

通信・信号処理部門
- 情報理論
- 確率と確率過程
- ディジタル信号処理
- 無線通信工学
- 情報ネットワーク
- 暗号とセキュリティ

新インターユニバーシティ

ディジタル信号処理

岩田 彰 編著

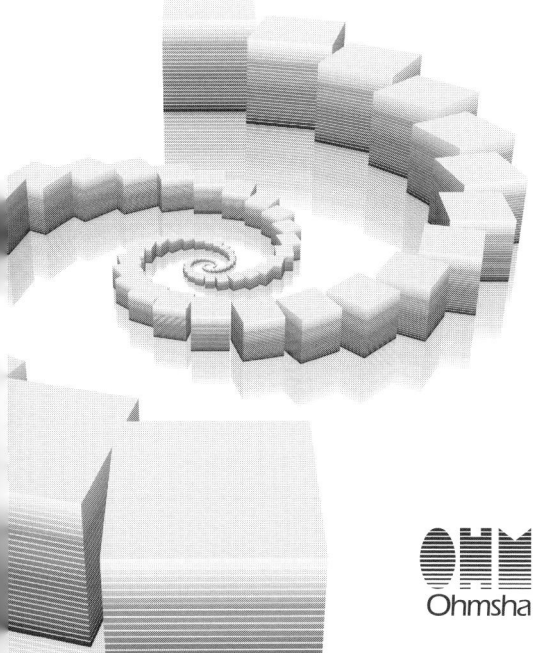

Ohmsha

「新インターユニバーシティ　ディジタル信号処理」
編者・著者一覧

編著者	岩田　彰（名古屋工業大学）	［序章］
執筆者	平田　豊（中部大学）	［序章］
（執筆順）	稲垣圭一郎（中部大学）	［1, 9〜12章］
	石原　彰人（中京大学）	［2〜5章］
	板井　陽俊（中部大学）	［6〜8章］

本書を発行するにあたって，内容に誤りのないようできる限りの注意を払いましたが，本書の内容を適用した結果生じたこと，また，適用できなかった結果について，著者，出版社とも一切の責任を負いませんのでご了承ください．

本書は，「著作権法」によって，著作権等の権利が保護されている著作物です．本書の複製権・翻訳権・上映権・譲渡権・公衆送信権（送信可能化権を含む）は著作権者が保有しています．本書の全部または一部につき，無断で転載，複写複製，電子的装置への入力等をされると，著作権等の権利侵害となる場合があります．また，代行業者等の第三者によるスキャンやデジタル化は，たとえ個人や家庭内での利用であっても著作権法上認められておりませんので，ご注意ください．

本書の無断複写は，著作権法上の制限事項を除き，禁じられています．本書の複写複製を希望される場合は，そのつど事前に下記へ連絡して許諾を得てください．

出版者著作権管理機構
（電話 03-5244-5088, FAX 03-5244-5089, e-mail: info@jcopy.or.jp）

JCOPY ＜出版者著作権管理機構 委託出版物＞

目 次

序章 ディジタル信号処理の学び方
1 ディジタル信号処理とは ………………………………………………… *1*
2 ディジタル信号処理の歴史と発展 ……………………………………… *1*
3 ディジタル信号処理の応用 ……………………………………………… *2*
4 ディジタル信号処理の基礎と展開 ……………………………………… *2*
5 本書の構成 ………………………………………………………………… *3*
6 本書の学び方 ……………………………………………………………… *4*

1章 アナログ信号のコンピュータ入力
1 アナログ信号とディジタル信号の対比 ………………………………… *5*
2 アナログ信号のディジタル信号への変換 ……………………………… *6*
まとめ …………………………………………………………………………… *14*
演習問題 ………………………………………………………………………… *14*

2章 雑音の除去と信号の検出
1 信号成分と雑音成分 ……………………………………………………… *16*
2 加算平均（同期加算）による信号の検出 ……………………………… *18*
3 移動平均 …………………………………………………………………… *23*
4 メディアンフィルタ ……………………………………………………… *27*
まとめ …………………………………………………………………………… *32*
演習問題 ………………………………………………………………………… *32*

3章 微分・積分
1 ディジタル微分 …………………………………………………………… *34*
2 低域微分 …………………………………………………………………… *38*
3 ディジタル積分 …………………………………………………………… *40*
まとめ …………………………………………………………………………… *45*
演習問題 ………………………………………………………………………… *46*

iii

■ 目　次

4章　基本統計量の計算

1　ディジタル信号の特徴量 …… 47
2　ヒストグラム …… 53
3　雑音の性質 …… 55
まとめ …… 59
演習問題 …… 60

5章　信号の相関解析

1　自己相関関数による周期性の検出 …… 62
2　相互相関関数と遅れ時間の検出 …… 70
3　相関係数による2信号間の類似度評価 …… 74
まとめ …… 77
演習問題 …… 77

6章　離散フーリエ変換による周波数分析

1　フーリエ級数とフーリエ変換 …… 79
2　離散フーリエ変換 …… 82
3　振幅，パワー，位相スペクトル …… 86
まとめ …… 91
演習問題 …… 91

7章　線形システム

1　線形時不変システム …… 93
2　インパルスを用いた信号表現 …… 96
3　線形時不変システムのインパルス応答と畳み込み …… 97
まとめ …… 101
演習問題 …… 101

8章　z 変換

1　z 変換の定義 …… 103
2　z 変換と線形システムの周波数特性 …… 109
3　z 変換と離散フーリエ変換の関係 …… 111
まとめ …… 112
演習問題 …… 113

目　次

9章　差分方程式と周波数応答
- 1　差分方程式 …………………………………………………………… *114*
- 2　周波数応答 …………………………………………………………… *119*
- まとめ …………………………………………………………………… *123*
- 演習問題 ………………………………………………………………… *123*

10章　ディジタルフィルタ
- 1　FIRディジタルフィルタ …………………………………………… *124*
- 2　FIRディジタルフィルタの設計 …………………………………… *129*
- 3　IIRディジタルフィルタ …………………………………………… *132*
- 4　IIRディジタルフィルタの設計 …………………………………… *134*
- まとめ …………………………………………………………………… *134*
- 演習問題 ………………………………………………………………… *135*

11章　線形予測法
- 1　自己回帰モデルの原理 ……………………………………………… *136*
- 2　自己回帰モデルの次数の決定法 …………………………………… *141*
- 3　自己回帰モデルの安定性 …………………………………………… *142*
- まとめ …………………………………………………………………… *143*
- 演習問題 ………………………………………………………………… *143*

12章　線形予測法による周波数分析
- 1　自己回帰モデルによるパワースペクトルの推定 ………………… *144*
- 2　離散フーリエ変換との比較 ………………………………………… *146*
- 3　線形予測法による周波数分析の実例 ……………………………… *148*
- まとめ …………………………………………………………………… *150*
- 演習問題 ………………………………………………………………… *151*

参考図書 …………………………………………………………………… *152*
演習問題解答 ……………………………………………………………… *155*
索　　引 …………………………………………………………………… *167*

序章

ディジタル信号処理の学び方

本章では，ディジタル信号処理の歴史と応用例などを紹介し，本書の構成を記す．また，本書におけるディジタル信号処理の学び方について述べる．

1 ディジタル信号処理とは

ディジタル信号処理とは，読んで字のごとく，計算機あるいはそのほかのディジタル機器内に存在するデータ（ディジタルデータ）を処理することである．処理対象となるディジタルデータには，もともとディジタル機器内で生成されたもののほか，各種センサーなどから出力されるアナログ信号をディジタル化し，ディジタル機器内に取り込んだものを含む．授業科目としてのディジタル信号処理では，雑音除去や信号に含まれる特徴の抽出，時間-周波数領域変換など，用途に応じたさまざまなディジタルデータの処理方法やそれらを支える理論，ならびにソフトウェアとして実装するための方法を学ぶ．

2 ディジタル信号処理の歴史と発展

広義のディジタル信号処理の歴史は，ディジタル計算機の誕生以前に始まっている．1600年代初頭には，天文学の問題を解くためにディジタルフィルタの技術がすでに使われていたという．1700年代に活躍した数学者のLaplaceは，ディジタル信号処理の数学的基礎となるz変換の着想も得ていたと言われている．1800年代には，数学者のGaussが離散フーリエ変換の高速算法を開発している．ただし，これらの時代のディジタル信号処理はいずれも手計算によるものであり，実行可能な計算量にはおのずと限界があった．ディジタル信号処理が急速な発展を遂げたのは1950年代後半以降であり，高速離散フーリエ変換（FFT）に代表される高速計算アルゴリズムの開発や，半導体集積化技術の進展による計算機ならびにディジタル信号処理専用ハードウェアであるディジタルシグナルプロセッサ（DSP）の性能向上とコスト低下によるところが大きい．最近では，これらハードウェアに搭載される演算ユニットの高速化やメモリの大容量化，並列計

算技術，グラフィックプロセッシングユニット（GPU）の利用，クラウドコンピューティングの発展により，10年前では考えられなかったような膨大なディジタルデータを短時間に，かつ安価に処理できるようになっている．こうしたディジタル信号処理を支える技術基盤の急速かつ多方面への展開により，ディジタル信号処理はますます身近で有用な技術となり，今後も工学の広い分野において不可欠な技術であり続けるであろう．

3 ディジタル信号処理の応用

　ディジタル信号処理の応用先はディジタルデータを扱うほとんどすべての場面や状況と言っても過言ではない．ロケットの打ち上げや衛星の姿勢制御，惑星探索ロボットの遠隔操作などの最先端科学の現場をはじめ，もっと身近なところでは，気象予測，為替や株価などの経済指標のデータ分析，心電図や血圧などの医療データ解析，スマートフォンなどの携帯端末で動作するアプリ内のデータ処理，エアコンやテレビなどの家電内部でのデータ処理など，枚挙にいとまがない．自動車や電車，飛行機などの乗物でも，時々刻々と変化するそれらの挙動や周囲環境に関する各種センサー出力からの情報抽出，その結果にもとづくエンジンやブレーキ制御など，ディジタル信号処理がいたるところに適用されている．それほど現代社会におけるディジタル信号処理の応用範囲は広く，今後もその需要と役割は増すばかりであり，今や最先端科学技術から日常生活までを支える社会的基盤技術となっている．

4 ディジタル信号処理の基礎と展開

　ディジタル信号処理を学ぶには，振動の周波数や周期などの物理的な意味の理解や，それらの数式による表現のほか，微分・積分，関数の内積などの応用数学や，行列演算などの線形代数の知識が不可欠である．また，複素数の扱いにも慣れておいたほうがよい．ただし，一昔前の工学部専門科目や数学の試験で問われたような，難解な微積分の計算や手間のかかる固有値の計算を自力で（手計算で）短時間のうちに解くような能力はほとんど必要ない（少なくとも本書で学ぶ実用的なディジタル信号処理の範囲では）．なぜなら，これらの計算は手計算で行わなくても，適切なプログラムを書いて計算機にやらせればすむからである．したがって，微分や積分の概念，関数どうしの積や商などの式の意味さえ理解で

きれば，あとはそれを実装するためのある程度のプログラミング能力があれば，実用的なディジタル信号処理技術を身につけることができる．プログラミング能力にしても，MATLABなどのディジタル信号処理用ソフトウェア環境を利用する場合には，for文などの最低限の文法を知っていれば，高度な処理を短時間に実装できる．それでは，数学，物理，プログラミングの素養が全くない人はディジタル信号処理を学べないかというと，そうとは言い切れない．もちろん，すでにこれらの基礎知識がある人よりも学習に多くの時間を要することになるが，ディジタル信号処理を学びながら必要な基礎知識をその都度学んでいけばよい．数学の理論だけを何に使うかわからない状況で学ぶよりも，ディジタル信号処理として具体的な応用を意識しながら学ぶほうが効率よく学ぶことができるはずである．

5 本書の構成

　本書は工学部の学生を対象にしながら，それほど数学や物理が得意でない初めてディジタル信号処理を学ぼうとする方々にも，実用的な知識と技術が身につくよう構成してある．すなわち，学習する各処理において，理論式を提示した後，具体的な処理の流れをデータ各点が明示された模式図で表し，実例を取り入れながら処理結果を提示して，その効果を視覚的にも実感できるようにしてある．

　本書は以下のように構成されている．まず，1章では，計算機外で生成されるさまざまな信号（アナログ信号）をディジタル信号に変換し，計算機内に取り込む方法（A/D変換）を学ぶ．2章では，ディジタル信号処理の用途として最も応用先が広いといえる雑音除去の方法について学ぶ．3章では，信号を加工する際にしばしば必要となる，信号の微分と積分について実践的な方法を学ぶ．4章では，収集されたデータを特徴づける際の常套手段である平均や分散などの基本統計量の計算法やヒストグラムの求め方について学ぶ．5章では，二つの信号間の関係性を評価する際に一般的に用いられる相互相関関数について学ぶ．また，相互相関関数の特別な場合である自己相関関数から，ある信号の周期性を抽出する方法を学び，次章以降で取り上げる周波数分析への導入を図る．6章では，ディジタル信号処理のなかで最も重要と考えられている離散フーリエ変換を学び，周波数分析の方法を身につける．7章以降は，信号を生成する対象やそうした信号に施すディジタル信号処理自体をシステムと捉え，そのシステムの特性の記述

法や評価法について学ぶ．7章では，その導入として線形システムについて学ぶ．8章では，線形システムの入出力関係を周波数領域で記述するうえで必要となる z 変換について学ぶ．9章では，線形システムの入出力関係を時間領域において記述する方法である差分方程式について学び，8章で学んだ z 変換との関係性を示す．10章では，8,9章で学んだ z 変換と差分方程式に関する知識に基づき，ディジタルフィルタの記述と低域通過型や高域通過型などの主なフィルタの設計について学ぶ．11章では，線形システムの特性を記述するうえで入力の観測が困難な場合によく用いられる，線形予測法ならびに自己回帰モデルについて，9章で学んだ差分方程式の知識に基づき，その原理とパラメータ推定法について学ぶ．最終章である12章では，自己回帰モデルを利用したディジタル信号のパワースペクトルの推定法について学ぶ．6章でも離散フーリエ変換によるスペクトル推定の方法を学ぶが，本章では，両推定法の結果を直接比較することにより，各々の性質や適した応用場面などを学ぶ．

6　本書の学び方

　本書は，ちょうど2学期制の大学学部1学期分（週1コマ ×15週）の講義（MATLABによる演習を含む）としてほぼ完結する分量となっている．各章の関連は上記のように密接に関係するものとそうでないものが混在する．特に，前半の2章から6章までと後半の7章から11章までは，ほぼ独立した内容であるため，1章でディジタル信号の性質やそれを特徴づけるいくつかの重要な要素を学習した後は，7章から学び始めてもよい．ただし，2章から6章までは，さまざまなデータ処理の具体的方法を例題とともに学ぶ内容となっているため，「ディジタル信号処理で実際に何ができるのか」ということをまず知りたい読者は，章順にしたがって学習を進めるとよいだろう．12章は本書の締めくくりの章であり，6章と11章の内容の比較がメインとなるため，最後に学習すべきである．

1章
アナログ信号のコンピュータ入力

　我々の生活する実世界において，音や熱，光など観測されるさまざまな信号はアナログ信号と呼ばれる．アナログ信号は，抵抗やコンデンサ（キャパシタ）などで構成されている電気回路によって処理される．一方で，パーソナルコンピュータを代表とする計算機では，ディジタル量しか扱えないため，アナログ信号を直接処理することができない．したがって，いったんアナログ信号をディジタル信号に変換する必要がある．本章では，アナログ信号をどのようにディジタル信号に変換していくか説明する．

1 アナログ信号とディジタル信号の対比

　実世界に存在するさまざまな信号は，アナログ信号と呼ばれる．信号は，時間に関する情報と大きさ（振幅）に関する情報で構成される．アナログ信号の場合，この時間と振幅情報が連続値である．一方で，我々の身近な存在になっているコンピュータ（計算機）では，数値化（離散化）されたデータに対して処理が行われる．したがって，連続的な情報で構成されるさまざまなアナログ信号をそのままコンピュータで処理することができない．ここで，アナログ信号とディジタル信号の違いを表1・1に基づいて説明する．

　アナログ信号のアナログ（analog）とは，analogue（相似物）を語源としており，ある量を区切ることのできない（連続の）物理的な量（温度や長さ）に相似させて表現することを表している．情報が連続的に表現されている（境界がない）ため，ある物理量の一つひとつの状態を正確にみることができない．一方

● 表1・1　アナログとディジタルの違い ●

	アナログ（analog）	ディジタル（digital）
語源	analogue（相似物）	digit（指）
信号の性質	連続．区切って数えることができない	離散．区切って数えることができる（指で）
計算機で	扱えない	扱える

1章 アナログ信号のコンピュータ入力

で，ディジタル信号のディジタル（digital）とは，digit（指）を語源としており，指折り数えるように物理的な量を数えることができる．情報が離散的に表現されているため，物理量の一つひとつの状態を一つの数字としてみることができる．先にも述べたようにコンピュータは，離散化された数値情報を処理するため，ディジタル信号のみ取り扱うことができる．したがって，アナログ信号をコンピュータで扱うためには，ディジタル信号への変換が必要となる．この変換を**アナログ-ディジタル変換**（A/D 変換：analog to digital conversion）という．次節以降では，この A/D 変換について詳しく説明する．

2 アナログ信号のディジタル信号への変換

アナログ信号をディジタル信号に変換する際には，次の三つの手順を踏む．
① 標本化（sampling）：時間情報を離散化する．
② 量子化（quantization）：振幅情報を離散化する．
③ 符号化（encoding）：コンピュータで扱うことができるように量子化された値を特殊な符号に変換する．

以下では，それぞれについて詳しく説明する．

〔1〕 標本化

標本化とは，信号の時間情報を一定間隔に離散化することである．標本化における離散間隔 Δt のことを**標本化間隔**（sampling interval）または，**標本化周期**（sampling period）という．なお，標本化間隔の逆数を**標本化周波数** f_s（sampling frequency）という．なお，ディジタル信号処理では，標本化周波数を用いて話をする場合が多い．例として，ディジタル信号の間隔が1秒おきに存在する

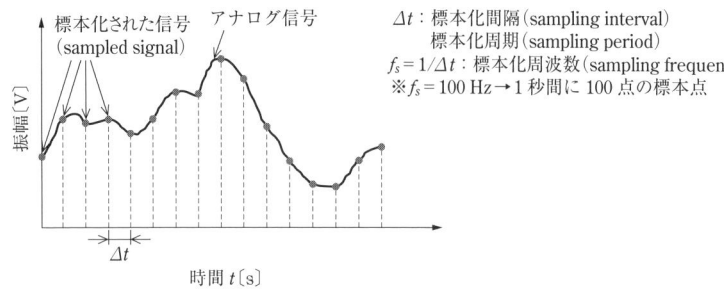

● 図1・1　アナログ信号の標本化 ●

場合，標本化間隔が1秒，または，標本化周波数が1Hzとなる．**図1・1**は，あるアナログ信号（—）を標本化間隔 Δt で標本化する例を示している．標本化された信号（・）をみてもわかるように，時間軸方向に一定の間隔で信号が存在していることが確認できる．しかしながら，標本化を終えた時点では，振幅軸方向は連続情報のままであることに注意が必要である．このため，量子化により振幅軸の離散化を行う．量子化については1章2節[4]にて説明する．

次に，あるアナログ信号を異なる標本化間隔で標本化した例を見てみる．**図1・2**は，同じアナログ信号（上段）を標本化間隔 0.001 秒（中段）と，0.03 秒（下段）で標本化したものである．

図1・2を見てもわかるように細かな標本化間隔で標本化した例（中段）では，元のアナログ信号（上段）を忠実に再現できていることがわかる．一方で，粗い標本化間隔で標本化した例（下段）では，元のアナログ信号にみられる急峻な動き（円で囲まれた部分）を十分に表現できていないことがわかる．つまり，標本化間隔が細かくなるほどアナログ信号にみられる細かな変化を再現することがで

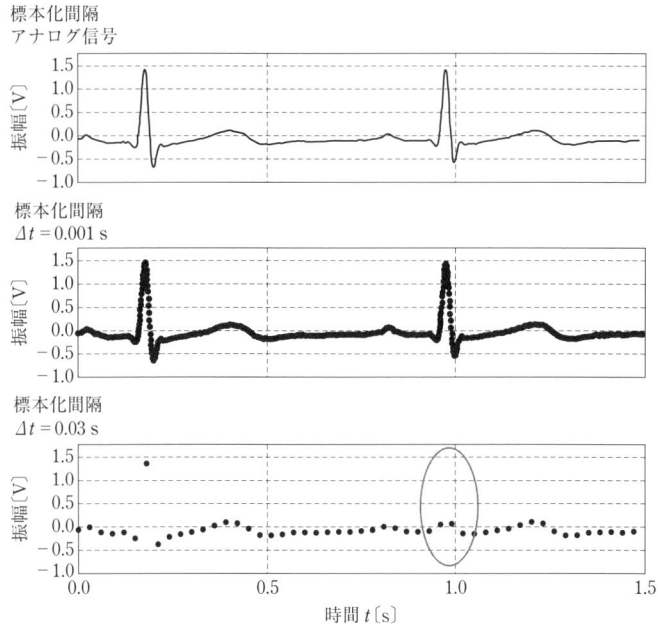

● **図1・2　異なる標本化間隔による標本化** ●

きる．一方で，標本化間隔が細かくなると標本化したデータの点数が多くなる．このため，データサイズが大きくなり，コンピュータにおけるデータ処理時間が増加するという問題が生じる．

　こうしたことから，標本化を行う際には，対象とするアナログ信号の特徴に合わせて適切な標本化間隔を用いる必要がある．この適切な標本化間隔を決める方法としてシャノン-染谷の**標本化定理**（sampling theorem）がある．標本化定理とは

　「アナログ信号に含まれる最高周波数が f_{max} であるとき，標本化周波数 f_s は，f_{max} の2倍以上でなければならない」

というものである．言い換えると，標本化周波数 f_s の半分までの周波数帯域に含まれる情報は標本化時に失われないということである．この標本化周波数の半分の周波数（$f_s/2$）のことを**ナイキスト周波数**（nyquist frequency）と呼ぶ．逆に，アナログ信号に含まれる最大周波数 f_{max} の2倍となる周波数のことを**ナイキスト標本化周波数**（nyquist sampling frequency）と呼ぶ．一般的に，標本化時に標本化定理を満たすことにより，標本化されたデータは，元のアナログ信号を完全に再現できる．つまり，元のアナログ信号に含まれる情報を失うことなく標本化可能となる．

〔2〕　**さまざまな標本化周波数による標本化**

　ここでは，さまざまな標本化周波数による標本化の例をみることで，標本化定理と実際の標本化の結果を対比して確認する．**図1・3**に，10 Hz の正弦波信号を異なる標本化周波数で標本化する例を示す．標本化定理によれば，10 Hz の正弦波信号を標本化する場合は，20 Hz 以上の標本化周波数を用いればよいことになる．図1・3をみてみると，標本化周波数が 200 Hz と十分に標本化定理を満たす場合（図1・3（a））は，10 Hz の正弦波の特徴をよく再現できるが，50 Hz（図1・3（b）），20 Hz（図1・3（c））と標本化周波数が下がるにつれて，下の正弦波信号の特徴が失われていくことがわかる．標本化周波数を 20 Hz として標本化した場合は，標本化定理をぎりぎり満たしていることになるが，元の 10 Hz の正弦波信号を十分に再現できているとはいえない．また，標本化する位置（図の例では，振幅0となる点が標本化点となるとき）によっては，元の信号をまったく再現できないことに注意が必要である．こうしたことから，実際に元のアナログ信号を十分に再現する標本化を行う場合は，標本化定理ギリギリではなく，そ

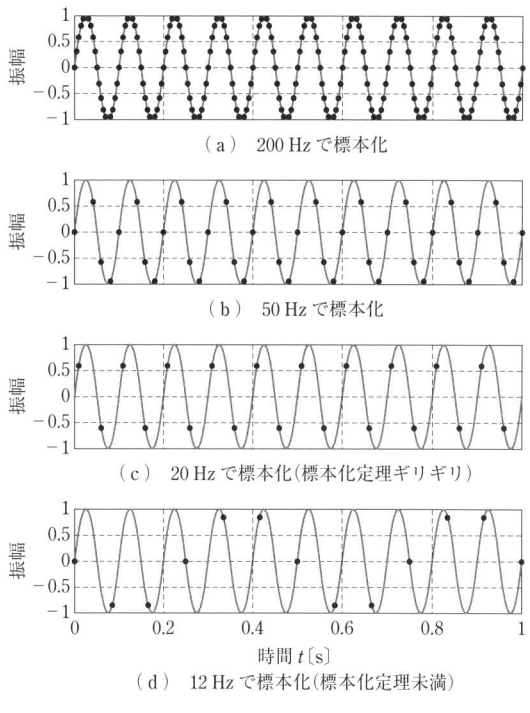

(a) 200 Hz で標本化

(b) 50 Hz で標本化

(c) 20 Hz で標本化(標本化定理ギリギリ)

(d) 12 Hz で標本化(標本化定理未満)

● 図1・3 10 Hz の信号の標本化例 ●

れよりも数倍大きい標本化周波数を用いなければならないことがわかる．最後に標本化周波数を 12 Hz として標本化を進めた場合（図1·3(d)）であるが，標本化点を見てもわかるように元の 10 Hz の正弦波信号が完全に失われている．この場合は，標本化した信号は 2 Hz 程度の信号となっていることがわかる†．

〔3〕 エイリアシング ■■■

標本化を行う際に，標本化定理を満たさない標本化周波数を用いるとどうなるのか．答えは，元のアナログ信号に存在しない周波数成分に属する情報が，標本化後の信号に重なってしまう．こうした現象を**エイリアシング**（aliasing）という．もう少し詳しく説明すると，標本化周波数 f_s が標本化定理を満たさない場合，$f_s/2$ 以上の周波数帯域に属する信号成分が $f_s/2$ 以下に折り返して重なることになる．なお，よくテレビなどで目にする車のタイヤホイールが通常と逆回転

---

† 標本化点を実際に線で結んでみると，元の 10 Hz とは全く異なる 2 Hz 程度の信号が表れてくる．

になる現象はエイリアシングのためである．以下では，エイリアシングの発生メカニズムについて説明する．

まず，標本化された信号の周波数スペクトルを考えてみる．通常，標本化信号の周波数スペクトルは図1・4のように元のアナログ信号の周波数スペクトルが繰り返すものとなる．このとき，繰り返しの周期は標本化周波数 f_s となる．

したがって，標本化信号をアナログ信号に逆変換する場合は，f_{max} 以上の信号成分をカットする**低域通過型フィルタ**（LPF：low pass filter）を施せばよいことがわかる（図1・5(a)）．図1・5に標本化周波数の違いとエイリアシングの関係をまとめたものを示す．標本化定理を満足する標本化周波数により標本化した場合，標本化信号をフーリエ変換して得られる周波数スペクトルがそれぞれ分離していることになる（図1・5(a)）．つまり，f_{max} 以上の信号成分をカットする低域通過型フィルタによる方法で標本化信号からアナログ信号を取り出すことが可能となる．

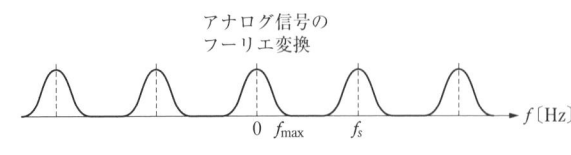

● 図1・4 標本化信号の周波数スペクトル ●

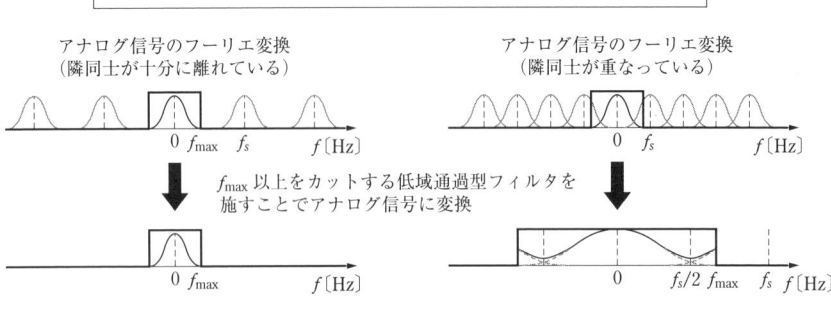

(a) エイリアシングが発生しない場合　　(b) エイリアシングが発生する場合

● 図1・5 エイリアシング発生のメカニズム ●

一方で，エイリアシングが生じる場合，つまり，標本化定理を満たさない標本化周波数で標本化した場合，標本化信号をフーリエ変換して得られる周波数スペクトルが重なってしまう（図1·5（b））．結果として，低域通過型フィルタによる方法で標本化信号からアナログ信号を取り出すと，周波数スペクトルが元のアナログ信号のものと一致しなくなる．つまり，標本化定理を満たさない標本化周波数で標本化すると，エイリアシングが生じて $f_s/2$ 以上の周波数帯域に属する信号成分が $f_s/2$ 以下に折り返してくるため，信号の周波数スペクトルが変わり，時間的な信号波形も変わってしまうこととなる．

〔4〕 **量子化，符号化**

ここまでは，アナログ信号の時間情報を離散化する標本化について説明してきた．ここでは，同信号の振幅情報を離散化する量子化と符号化について説明する．**量子化**は，ある一定の量子化幅（分解能ともいう）Δq で振幅情報を離散化することである．たとえば，1章2節〔1〕で示した図1·1のように標本化をしたものを量子化することを考えてみる．**図1·6**は，図1·1の振幅を0～24Vとして2Vの量子化幅で12段階に量子化したものである．図1·6を見てもわかるように，量子化する際には，各標本化点において信号の値が最も近い量子化点に近似される．この近似により発生する誤差を**量子化誤差**といい，最大量子化誤差は，量子化幅の半分の値となる．量子化誤差は，エイリアシングと同様にディジタル信号処理における重要な問題である．一般に，量子化間隔が大きければ大きいほど元のアナログ信号の再現性は向上するが，次に述べる符号化により，この

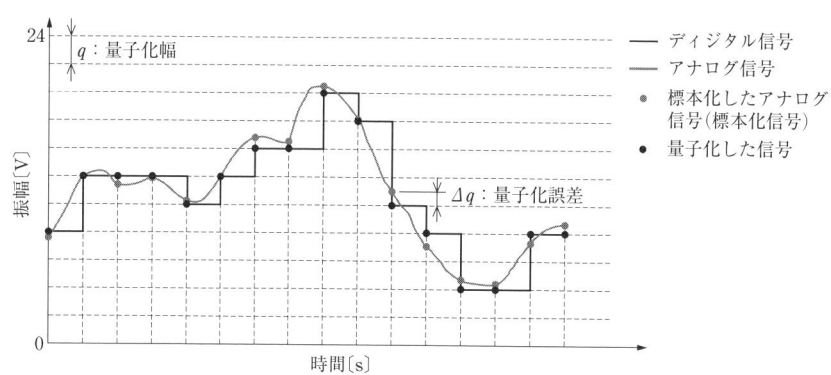

● 図1·6 図1·1の振幅0～24を12段階に量子化した例 ●

1章 アナログ信号のコンピュータ入力

量子化誤差が一意に決まってしまう．このことは，符号化のところで詳しく説明する．なお，図1・6を見てもわかるように，量子化された値は，次の標本化点まで同じ値が保持されていることがわかる．つまり，標本化によってアナログ信号の値を取り出し，この値を保持している間に量子化を行い，これを繰り返すことでアナログ信号をディジタル信号へ変換する．こうしたA/D変換の方法を**サンプルアンドホールド**（sample and hold）と呼ぶ．

次に，量子化した信号をコンピュータで扱えるようにするため符号化を行う．我々が数学などで用いている数値表現は0～9までを基本とした10進法である．一方で，コンピュータが用いる数値表現は，0と1のみで構成される2進数である．2進数で表現される数値の各桁のことを**ビット**（bit）といい，8ビットを1区切りとしたものを**バイト**（byte）という．したがって，量子化した信号をコンピュータで扱えるようにするためには，10進数で表現された信号の値を2進数（場合によっては16進数）に変換する．この数値表現方法の変換を**符号化**と呼ぶ．例として，図1・6で示した量子化後の信号を符号化する例を**図1・7**に示す．

量子化誤差を述べた際に，標本化定理のように量子化幅を決める方法を述べなかった．これは，ディジタル信号を処理するコンピュータが扱うことが可能なビット数（たとえば，8 bit，32 bit，64 bit）に合わせて符号化を行うためであり，量子化誤差がコンピュータにおける処理可能なビット数に依存するためである．一般に，量子化幅が小さければ量子化誤差が少なくなるが，符号化のビット数が多くなり，データ量が多くなるとともに，量子化や符号化にともなう処理時間も

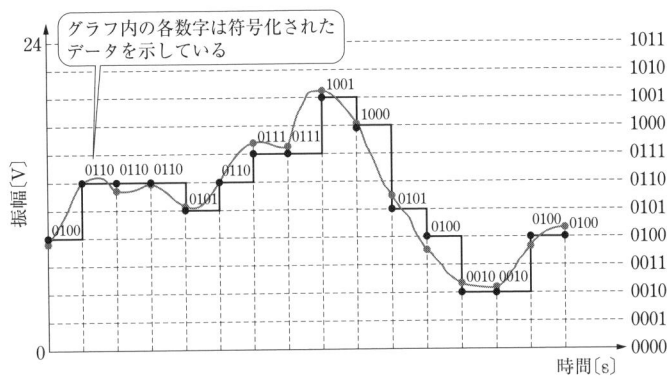

● 図1・7 図1・6の量子化の結果を符号化した例 ●

多くなる．しかしながら，量子化については，標本化定理のような法則が存在しないため，量子化誤差が誤差の許容範囲に収まるように処理可能なビット数の下で，実験的に量子化幅を決めることが多い．

〔5〕 A/D 変換の実際

ここでは実際の A/D 変換の利用例をもとに A/D 変換について理解を深める．図 1・8 は，A/D 変換の一連の流れをまとめたものである．流れを示せば

① 低域通過型フィルタによる必要以上の周波数成分の除去（アンチエイリアシングフィルタ，anti-aliasing filter）
② 直流（DC）成分の除去
③ A/D 変換器の入力範囲（たとえば ±5 V）に合わせて信号を増幅
④ 標本化定理を満たす標本化周波数の数倍の標本化周波数で標本化
⑤ 要求を満たす精度に合わせた量子化ビット数による量子化ならびに符号化

となる．順を追って説明すると，まず①のアンチエイリアシングフィルタを施し，処理に必要な周波数以上の信号成分をアナログ信号から除去することで，標本化周波数の絞り込みを行う．これにより，アナログ信号が含む周波数成分が未知な場合，適当な標本化周波数を選んだ際に，エイリアシングが生じることを回避している．次に，②の直流成分の除去と，③の振幅の増幅についてであるが，この二つは，量子化可能なビット数による量子化を効果的にするために行う．具体的に図 1・9 を用いてこれを説明する．図 1・9 左のように，直流成分の除去なら

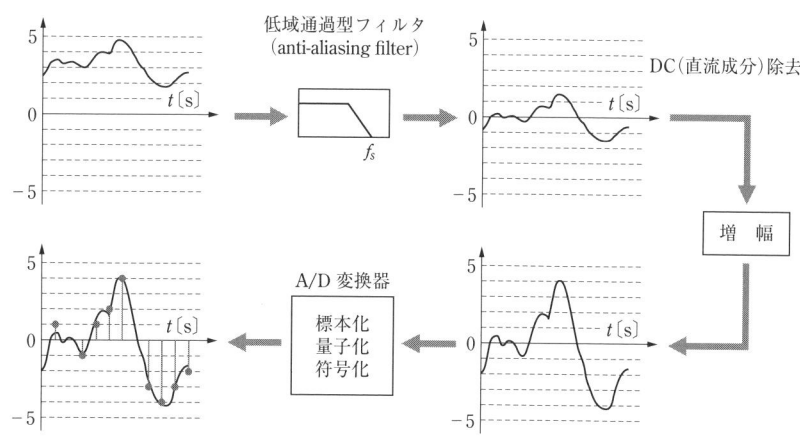

● 図 1・8　A/D 変換の実例 ●

1章　アナログ信号のコンピュータ入力

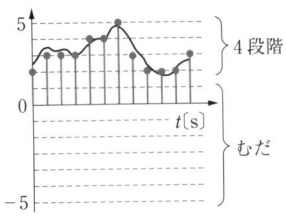
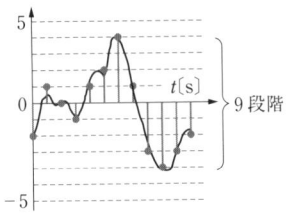

● 図1・9　直流成分除去と振幅調整の効果 ●

びに，振幅の調整を行わない場合，後の量子化の際に量子化可能なビット数にむだが生じることになる．一方で，図1・9右のように，直流成分の除去と振幅の調整を行うことで，量子化可能なビット数のむだが低減する，つまり量子化の際に生じる誤差（量子化誤差）が少なくなることがわかる．こうした処理のことを，信号のダイナミックレンジ調整とも呼ぶ．最後に④の標本化と⑤の量子化・符号化は1章2節〔1〕～〔4〕で説明したことに注意して変換を進めればよい．

まとめ

○アナログ信号を，標本化，量子化，符号化して，ディジタル信号を得るA/D変換の方法を学んだ．
○標本化する際には，標本化定理を満たすように標本化周波数を選ぶことになるが，実際に標本化を行う際には元のアナログ信号の細かな特徴を失わないように標本化周波数の数倍で標本化することが多い．
○量子化による量子化誤差は，符号化に用いるビット数に依存することを学んだ．また，量子化，符号化ビット数を行う際に，直流成分の除去や信号の増幅を行うことで，量子化ビット数のむだを低減し，量子化誤差を減らす方法を学んだ．

演習問題

問1　今，あるアナログ信号の周波数成分を解析した結果，最大周波数が21.10 77 kHzであった．この信号を標本化するためには，何kHz以上の標本化周波数が必要となるか答えよ．

問2　今，振幅幅が0～20Vとなる正弦波上のアナログ信号がある．これを4bitで量子化する場合の量子化幅と最大量子化誤差を答えよ．

演習問題

問3 問2の信号において7.5Vとして計測した点は，量子化後の信号では何Vとなるか．また，その値を4bit符号化するとビット値（2進数）でどうなるか答えよ．

2章
雑音の除去と信号の検出

アナログ-ディジタル変換（ADC）で得たディジタル信号 $x(n)$ には，通常，解析や制御に使用する信号成分以外の成分が重畳している．これは，**雑音**または**ノイズ**（noise）と呼ばれ，不必要な成分であるばかりか，誤動作の原因や信号解析の邪魔になるため，適切に除去する必要がある．本章では，雑音成分を除去する基本的な信号処理として加算平均と移動平均を学習し，一般的なディジタル信号処理の手続きについて慣れることを目的とする．

1 信号成分と雑音成分

たとえば，あるセンサからの出力信号を ADC でディジタル信号に変換したところ図 2·1（a）の信号 $x(n)$ が得られたとしよう．この信号 $x(n)$ には，図 2·1（b）に示す，観測や制御に利用したいセンサなどからの出力成分が含まれている．これを**信号成分**（signal component）と呼び，ここでは $S(n)$ で表す．とこ

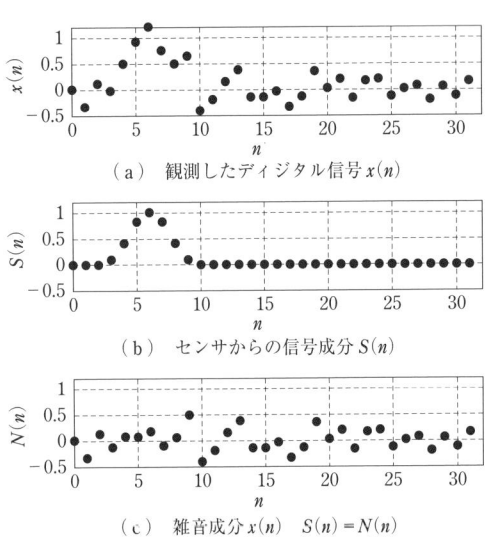

（a）観測したディジタル信号 $x(n)$

（b）センサからの信号成分 $S(n)$

（c）雑音成分 $x(n)$　$S(n) = N(n)$

● 図 2·1　信号成分と雑音成分 ●

ろが $x(n)$ には，この信号成分 $S(n)$ のほかに，さまざまな要因によって重畳した**雑音成分**（noise component）$N(n)$ が含まれている．図 2・1（ c ）は，図 2・1（ a ）に示した $x(n)$ と図 2・1（ b ）に示した $S(n)$ の差分であり，これが雑音成分 $N(n)$ である．

このように信号，雑音の両成分が単純に加算された結果が観測信号 $x(n)$ であるとすると，$x(n)$ は $S(n)$ と $N(n)$ を使用し

$$x(n)=S(n)+N(n) \tag{2・1}$$

と記述できる．$N(n)$ が十分小さい状況であれば，これを無視し，$x(n) \fallingdotseq S(n)$ となるため，$x(n)$ は信号成分 $S(n)$ とみなせる．信号成分に対する雑音成分の大きさを表す指標として，**信号対雑音比**（SNR）が用いられる．SNR の詳細は，4 章にて解説する．

さて，この雑音成分は，その発生原因や規則性の有無などの性質から，いくつかに分類される．たとえば，前章で登場した量子化雑音は，ADC の量子化・符号化の過程で生じる雑音であるし，**電源雑音**（ハムノイズ，humming noise）は，交流電源に由来する 60 Hz または 50 Hz の正弦波状の雑音である．また，熱雑音などに由来する時間的に不規則（ランダム，random）に変動する雑音として，**白色雑音**（white noise）などがある．このように雑音成分にはさまざまな種類の雑音が考えられるが，以下単に「雑音成分」と書いた場合には，時間的に不規則に変動する白色雑音を指す．雑音の種類に関する詳細についても，4 章を参照してほしい．

白色雑音による雑音成分は，不規則に値が決まるため，観測するごとに値が異なる．その例として，**図 2・2**（a）に比較的大きな雑音成分 $N(n)$ が重畳した信号 $x(n)$ を，複数回観測した結果を示す．ここでは M_s 回繰り返し同じ信号を計測しているが，雑音成分 $N(n)$ が大きいため，図 2・2（a）に示したどの試行でも信号成分の判別が困難である．図 2・2（a）では黒く太い線のように描かれており，細かい信号がわかりづらいため，図 2・2（a）の各 $x(n)$ の 6.0〜6.1 s の区間を拡大し，図 2・2（b）に示す．図 2・2（b）では標本点を黒丸（•）で示し，変動の様子がわかりやすいように標本点同士を線で結んでいる．これより $x(n)$ に含まれる雑音成分 $N(n)$ は，時間的にランダムな値をとり，各時刻で不規則に変動していることがよくわかる．また，図 2・2（b）の各段を比較すると明らかなように，雑音成分 $N(n)$ は観測試行で一致せず，試行ごとの不規則性も見られる．

■ 2章 雑音の除去と信号の検出

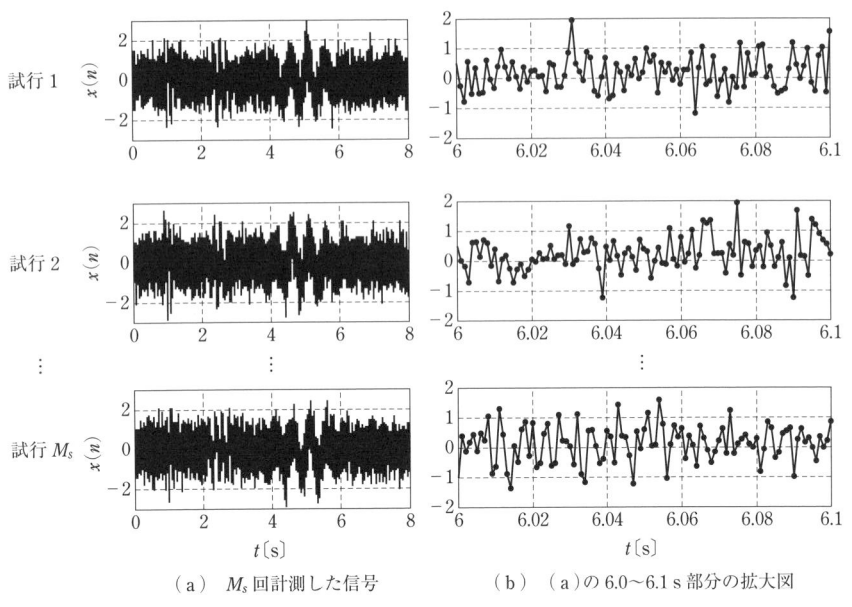

(a) M_s 回計測した信号　　(b) (a)の6.0～6.1 s部分の拡大図

● 図 2·2　雑音成分が大きい信号 $x(n)$ を M_s 回計測したときの信号例 ●

2 加算平均（同期加算）による信号の検出

　同じ計測（実験，試行）を何回も繰り返し，その平均を求めることで雑音成分を減少させ，信号成分を検出する信号処理を**加算平均**（averaging）あるいは**同期加算**（synchronous averaging）という．

　図 2·3（ a ）は，図 2·2 で示した信号 $x(n)$ を上から順に 11，51，101，201 試行観測し，加算平均処理を行った結果である．加算平均回数が増えるほど，図 2·2 では判別困難であった信号成分がよりはっきりとわかるようになる．また，図 2·3（ b ）は図 2·3（ a ）の 6.0～6.1 s の拡大図であり，この様子から加算平均回数を増やすほど不規則に変動する雑音成分が小さくなることもわかる．

　図 2·2 の信号は SNR が非常に悪いため，滑らかな信号成分を抽出するためには，図 2·3 に示したように 100 回を超える加算平均が必要である．しかし，SNR が高い信号であれば，数回から数十回程度の加算平均でよい信号成分が得られる．以下では，加算平均処理の理論的な説明のほかに，SNR との関係性と，加

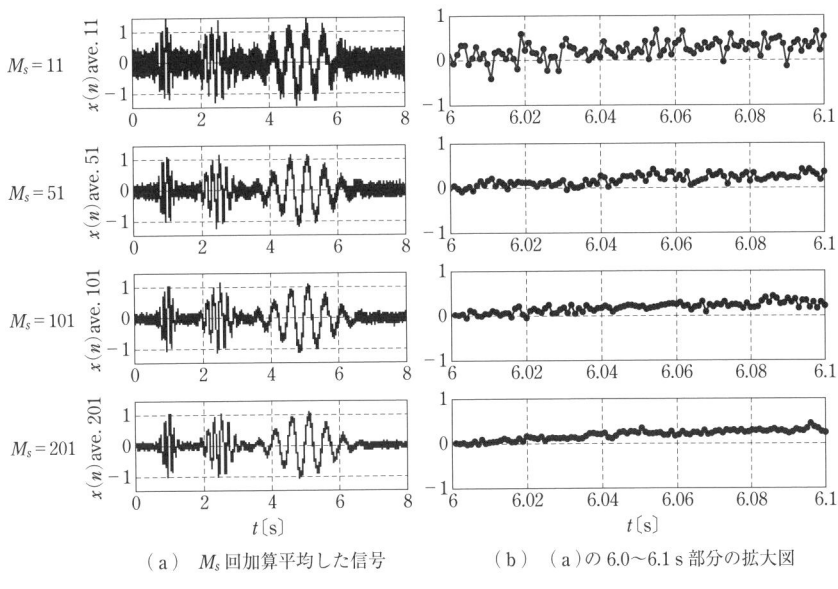

(a) M_s 回加算平均した信号　(b) (a)の6.0〜6.1s部分の拡大図

● 図2・3　図2・2の$x(n)$をM_s回加算平均した結果 ●

算平均が使用できる条件について述べる．加算平均処理や2章3節にて述べる移動平均処理は，どちらも雑音成分の性質を利用して雑音を除去する手法である．雑音成分の性質については，4章3節にまとめたので，そちらも参照するとよい．

〔1〕 **加算平均の原理**

いま，計測などによって得られたディジタル信号 $x(n)$ は，式(2・1)に示す信号成分 $S(n)$ と雑音成分 $N(n)$ の和で表現される．ここで，m 回目の計測によって得られたディジタル信号 $x(n)$ を $x(n, m)$ と表記する．計測を M_s 回行ったとすると，$m = 1, 2, 3, ..., M_s$ である．よって $x(n, m)$ は，m 回目の計測データにおける時点 n でのディジタル信号値を意味する．信号成分 $S(n)$ は，計測回に関わらず一定であり，雑音成分 $N(n, m)$ のみ計測回で変わることから $x(n, m)$ は

$$x(n, m) = S(n) + N(n, m) \tag{2・2}$$

となる．

次に，M_s 個得られた $x(n, m)$ を，毎回の計測開始時点をそろえ加算し，平均値 $\bar{x}(n)$ を求める操作について考えると

$$\bar{x}(n) = \frac{1}{M_s}\sum_{m=1}^{M_s} x(n,m) = \frac{1}{M_s}\sum_{m=1}^{M_s} S(n) + \frac{1}{M_s}\sum_{m=1}^{M_s} N(n,m) \qquad (2\cdot 3)$$

で表される．ここで右辺第 1 項の信号成分の平均値は，毎回とも $S(n)$ であることから，その平均は

$$\frac{1}{M_s}\sum_{m=1}^{M_s} S(n) = S(n)$$

である．また右辺第 2 項である雑音成分の平均値 $\bar{n}(k)$ は

$$\bar{n}(k) = \frac{1}{M_s}\sum_{m=1}^{M_s} N(n,m)$$

である．これは 4 章 3 節〔2〕の式(4·11)に示す標本平均に相当する．そこで，すべての時点 $(n=0,1,2,3,...)$ についての加算平均値の分布を考えると，4 章 3 節〔2〕で述べるに中心極限定理から，式(4·13)，式(4·14)より，その分布は平均 μ_n，分散 σ_n^2/M_s の正規分布となる．雑音成分の平均値（母平均）は 0 であるため，加算平均回数 M_s を増やすほど分散 σ_n^2/M_s は小さくなる．分散が小さくなれば，不規則な振動も小さくなり，結果的に雑音成分は減少する．

〔2〕 加算平均による SNR の改善 ■■■

M_s 回の加算平均によって雑音成分が減少するが，SNR はどの程度改善されるのだろうか．いま，元信号 $x(n)$ の信号成分 $S(n)$ の実効値が A_S，雑音成分 $N(n)$ の実効値が A_N である場合について考える．ここで A_N は，雑音成分 $N(n)$ の母平均が $\mu_n=0$，母分散が σ_n^2 であるとすると 4 章 1 節〔1〕の式(4·7)より，雑音成分の標準偏差 σ_n に等しい．

さて，信号成分 $S(n)$ は，加算平均処理によって変化しないため，その実効値は A_S のままである．一方で，雑音成分 $N(n)$ は，M_s 回の加算平均より，その分散 σ_n^2 が $1/M_s$ になる．これらから，M_s 回の加算平均後の雑音成分 $N(n)$ の実効値 A_N' は

$$A_N' = \sqrt{\frac{\sigma_n^2}{M_s}} = \frac{\sigma_n}{\sqrt{M_s}} = \frac{A_N}{\sqrt{M_s}} \qquad (2\cdot 4)$$

であり，M_s 回の加算平均によって実効値は $1/\sqrt{M_s}$ になる．SNR の変化について考えると加算平均前の SNR である R_{SN} は，式(4·9)より

$$R_{SN} = 20\log_{10}\left(\frac{A_S}{A_N}\right) \text{〔dB〕}$$

である．これに対して式(2·4)で示したように，M_s 回の加算平均によって雑音成分の実効値は $1/\sqrt{M_s}$ になるため，加算平均後の SNR である R'_{SN} は

$$R'_{SN} = 20 \log_{10}\left(\frac{A_S}{A_N/\sqrt{M_s}}\right) = R_{SN} + 10 \log_{10}(M_s) \,\text{[dB]} \qquad (2·5)$$

となる．以上の結果は，M_s 回の加算平均によって SNR は $10 \log_{10}(M_s)$ [dB] だけ改善されることを示している．

[**例題 2·1**] ある信号を 3 試行計測し，標本化周波数 $f_s=100\,\text{Hz}$ で標本化したディジタル信号 $x(n,1) \sim x(n,3)$ を，**表 2·1** に示す．これに対する信号処理に関する以下の問に答えよ．ただし，必要であれば $\log_{10}(2) \fallingdotseq 0.30$，$\log_{10}(3) \fallingdotseq 0.48$ を用いて計算せよ．

● 表 2·1 計 測 結 果 ●

時点 n	0	1	2	3	4	5	6	7	8	9
試行 1 $x(n,1)$	0.01	−0.06	0.71	0.92	0.98	0.26	0.08	−0.13	0.03	−0.41
試行 2 $x(n,2)$	0.22	0.36	1.02	0.59	0.77	−0.01	0.02	0.00	0.01	0.03
試行 3 $x(n,3)$	0.02	−0.19	1.08	1.01	0.14	0.15	−0.06	0.16	0.34	0.31

(1) 3 試行分用いて加算平均を行った信号 $x(n)$ を求めよ．またその結果を横軸 n で図示せよ．
(2) (1) の加算平均によって SNR は，何 dB 改善されたか求めよ．

【解】 (1) 各時点 n で 3 試行分の平均値を計算したものが加算平均である．

$$\bar{x}(0) = \frac{1}{3}\{x(0,1)+x(0,2)+x(0,3)\} = \frac{0.01+0.22+0.02}{3} = 0.083$$

$$\vdots$$

$$\bar{x}(9) = \frac{1}{3}\{x(9,1)+x(9,2)+x(9,3)\} = \frac{-0.41+0.03+0.31}{3} = -0.023$$

∴ $\bar{x}(n) = [0.08\ \ 0.04\ \ 0.94\ \ 0.84\ \ 0.63\ \ 0.13\ \ 0.01\ \ 0.01\ \ 0.13\ \ -0.02]$

図は省略．

(2) 式(2·5)より，M_s 回の加算平均によって SNR は $10 \log_{10}(M_s)$ [dB] 改善される．よって $M_s = 3$ の場合

$$10 \log_{10}(M_s) = 10\log_{10}(3) \fallingdotseq 10 \times 0.48 = 4.8 \text{ dB}$$

となる．

[例題 2・2] SNR が 10 dB の計測信号 $x(n)$ に対して，4 回，12 回の加算平均処理を行ったとき，加算平均処理後の信号 $\bar{x}(n)$ の SNR は何 dB になるか求めよ．ただし，計測データは理論通り SNR が改善される条件を満足しているものとする．必要があれば $\log_{10} \cdot (2) \fallingdotseq 0.30$, $\log_{10}(3) \fallingdotseq 0.48$ を利用して計算せよ．

【解】 M_s 回の加算平均によって SNR は $10 \log_{10}(M_s)$〔dB〕改善される．よって，$M_s = 4$ の場合

$$10 \log_{10}(M_s) = 10 \log_{10}(4) = 20 \log_{10}(2) \fallingdotseq 20 \times 0.30 = 6.0 \text{ dB}$$

したがって，式(2・5)より 4 回の加算平均処理後の信号の SNR は

$$R'_{SN} = R_{SN} + 10 \log_{10}(4) \fallingdotseq 10 + 6.0 = 16 \text{ dB}$$

12 回の加算平均処理後の信号の場合も同様に計算すると

$$10 \log_{10}(M_s) = 10 \log_{10}(12) \fallingdotseq 10 \times (2 \times 0.30 + 0.48) = 10.8 \text{ dB}$$

$$R'_{SN} = R_{SN} + 10 \log_{10}(12) = 10 + 10.8 \fallingdotseq 21 \text{ dB}$$

となる．

上述の理論通りに SNR が改善されるためには，計測データが次のような条件を満足している必要がある．

① 毎回の計測で信号成分は同一のパターンが同一時刻に出現していること．
② 雑音成分の統計的な性質が変わらないこと（定常性）．

ただし，②の定常性が満足していなくとも実用上，加算平均が有効である場合は多い．

図 2・4 (a)のように①の条件が成立していない場合，すなわち試行ごとに信号成分の発生時刻の不規則なずれがある計測データに対して，加算平均処理を行った例を図 2・4 に示す．元信号の振幅は ±1 ほどある（図 2・4 (b)）のに対して，図 2・4 (c)に示す 10 回の加算平均後の信号振幅は ±0.5 以下に減弱している．さらに加算平均回数を 100 回に増やすと，図 2・4 (d)に示すように信号振幅もより小さくなる．また場合によっては，元の信号には見られない振動成分が増えるな

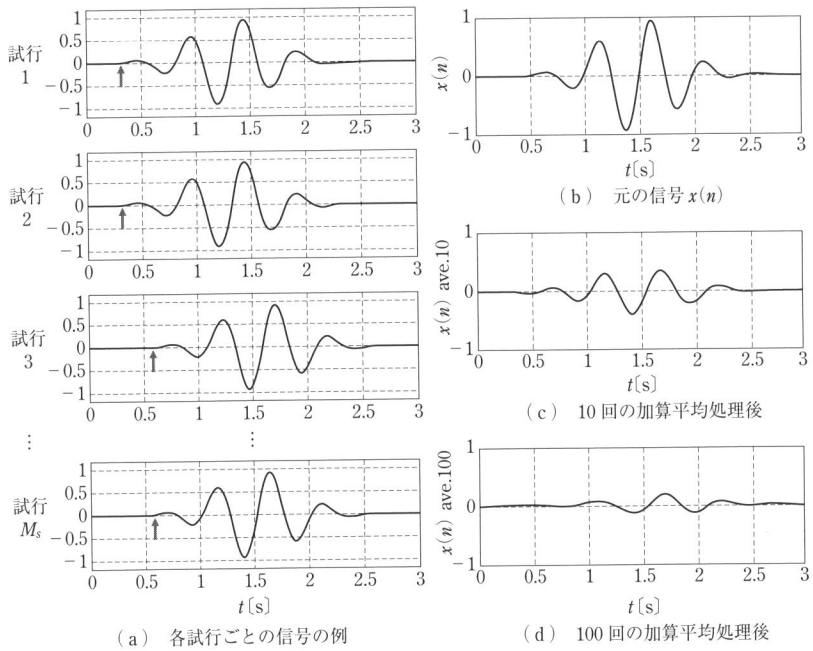

(a) 各試行ごとの信号の例
(b) 元の信号 $x(n)$
(c) 10回の加算平均処理後
(d) 100回の加算平均処理後

● 図2・4 信号成分の発生時刻に不規則性がある場合の加算平均結果 ●

ど，加算平均後の信号成分の性質が激しく変化する場合もある．このように，同一時刻に同一信号成分が発生しないような状況では，加算平均処理によって雑音成分は除去できるかもしれないが，信号成分も大きく変質させてしまう可能性がある．したがって，特に計測データから解析に必要なデータを切り出し，加算平均処理をする場合には，信号の同期を確実にとる注意が必要である．

3 移動平均

同じ条件の信号を何度か繰り返し取得できる場合，前節で紹介した加算平均にて雑音成分を除去できる．しかし場合によっては，何度も同じ条件で信号を取得できないこともある．そのような条件のもと雑音成分を除去し信号を検出する処理の一つに**移動平均**（moving average）がある．この方法は，後の章にて述べるようにローパスフィルタの1種でもあることから，**移動平均フィルタ**または**MAフィルタ**（MA filter）とも呼ばれる．また，処理後の信号は，処理前に比

較して滑らかな信号に変換されるため，移動平均処理のことを**平滑化**（smoothing）あるいは**平滑化フィルタ**と呼ぶこともある．

〔1〕 **移動平均の原理**

ディジタル信号 $x(n)$ に対して M_m 点（M_m は奇数）の移動平均処理を行ったとき，その出力信号 $y(n)$ は次式で定義される．

$$y(n) = \frac{1}{M_m} \sum_{l=-L}^{l=L} x(n+l) \tag{2・6}$$

ここで，$L=(M_m-1)/2$ である．この式より移動平均とは，$x(n)$ を中心に $x(n-L)$ から $x(n+L)$ まで合計 M_m 個の標本値の平均値を求める処理である．

例として，$x(n)=[2\ 3\ 5\ 8\ 9\ 9\ 7]$ に対して，$M_m=3$ で移動平均 $y(n)$ を計算した様子を**図2·5**に示す．$L=(M_m-1)/2=1$ であるので，式(2·6)より移動平均は

$$y(1) = \frac{1}{M_m} \sum_{l=-1}^{l=1} x(1+l) = \frac{1}{3}\{x(0)+x(1)+x(2)\} = 3.33$$

$$y(2) = \frac{1}{3}\{x(1)+x(2)+x(3)\} = 5.33$$

$$\vdots$$

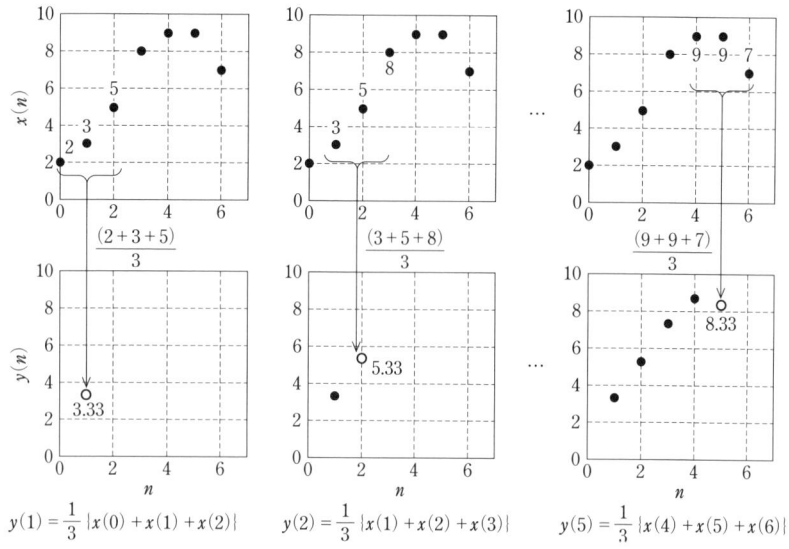

● 図2·5 $M_m=3$ の場合の移動平均の原理 ●

$$y(5) = \frac{1}{3}\{x(4) + x(5) + x(6)\} = 8.33$$

のように時点 n ごとに前後1点ずつ平均を計算する．その様子は図2・5に示すように，$x(n)$ 内の平均をとる3点を，順に移動させながら計算することであり，移動平均という名称は，この手続きに由来する．

この例では，$x(n)$ が $n=0\sim6$ の $N=7$ 点あるのに対して，移動平均 $y(n)$ は $n=1\sim5$ の区間のみ計算していることに注意してほしい．これは $x(n)$ が有限の値であり

$$y(0) = \frac{1}{M_m}\sum_{l=-1}^{l=1} x(1+l) = \frac{1}{3}\{x(-1) + x(0) + x(1)\}$$

のように $y(0)$ や $y(6)$ の計算に必要な $x(-1)$ や $x(7)$ が定義されていないためである．このように移動平均では，$n+l<0$ や $n+l\geq N$ の条件では $x(n+l)$ の値が定義されていないため，移動平均が求められる区間は，$x(n)$ と同じ区間ではなく $L\leq n<N-L$ のみになる．

また一方で，信号の長さが変わることを避けたい場合や，これらの点でもデータがほしい場合には，定義されているデータ点のみを使ってその平均を計算することで代用する．すなわち，前述の例では

$$y(0) = \frac{1}{2}\{x(0) + x(1)\}$$

$$y(6) = \frac{1}{2}\{x(5) + x(6)\}$$

のように，$y(0)$ と $y(6)$ は2点の平均値で計算するのである．これによって信号の長さは保証される．ただし，平均に使用しているデータ点数の違いから，これらの時点では移動平均による効果も変わることに注意したい．

図2・7(a)〜(d)に図2・6(b)に示した信号 $x(n)$ に対して，いくつかの移動平均の個数 M_m で移動平均した結果を示す．図2・7(a)〜(d)より移動平均の個数 M_m によって効果は異なるが，基本的に $x(n)$（図2・6(b)）に重畳している雑音成分が減少し，信号成分 $S(n)$（図2・6(a)）に近い滑らかな出力 $y(n)$ が移動平均の結果として得られている．

次に移動平均の個数による違いに注目してみよう．$M_m=121$ の場合（図2・7(c)），信号成分 $S(n)$（図2・6(a)）では1s前後に見られる変化の激しい信号

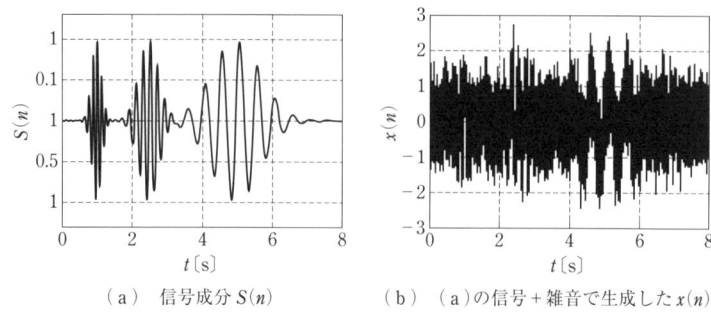

（a）信号成分 $S(n)$　　　　（b）（a）の信号＋雑音で生成した $x(n)$

● 図 2・6　移動平均の効果を調べる信号 $x(n)$ ●

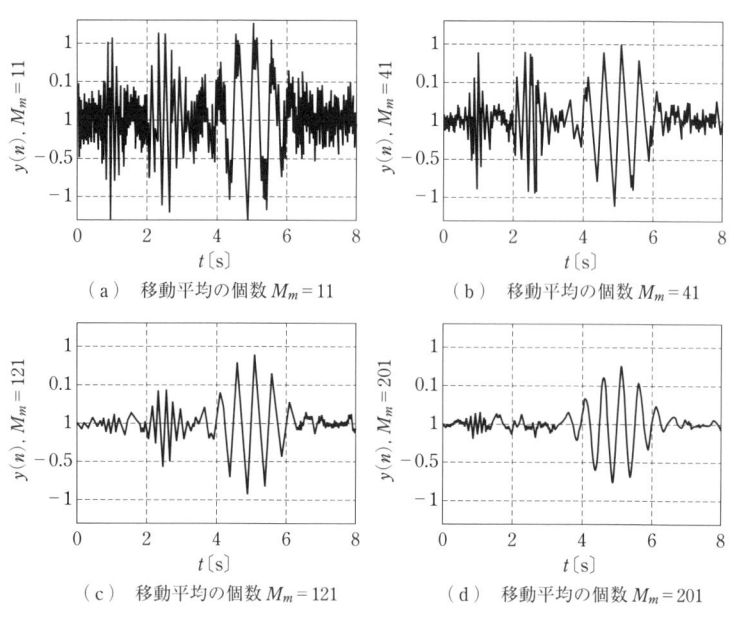

（a）移動平均の個数 $M_m=11$　　　　（b）移動平均の個数 $M_m=41$

（c）移動平均の個数 $M_m=121$　　　　（d）移動平均の個数 $M_m=201$

● 図 2・7　移動平均の個数 M_m による移動平均の効果の違い ●

成分が小さくなっている．$M_m=201$ の場合（図 2・7（d））では，さらに 2～3 s に見られる中程度に変化が激しい成分も消失している．このように M_m が多いほど雑音成分も強く除去されるが，加算平均の場合とは異なり，信号成分にも影響があるのが移動平均の特徴である．信号成分に影響が出ないように M_m を選ぶ方法については，後の章で解説する．

さて，移動平均には，式(2·6)で定義される方法のほかに，次の前方または後方の値のみを利用する方法がある．

$$y(n) = \frac{1}{M_m} \sum_{l=0}^{l=M_m-1} x(n+l) \tag{2·7}$$

$$y(n) = \frac{1}{M_m} \sum_{l=0}^{l=M_m-1} x(n-l) \tag{2·8}$$

この場合，M_m は奇数である必要はない．しかし，これらの方法は，$x(n)$ と移動平均 $y(n)$ の間に位相差（時間差）が生じる．したがって，応答の開始時刻を求める場合など，位相を問題にするときは式(2·6)による方法が適切である．

[**例題 2·3**] ある信号を標本化周波数 $f_s=100\,\mathrm{Hz}$ で標本化したディジタル信号
$x(n)=[0.08\ 0.04\ 0.94\ 0.84\ 0.63\ 0.13\ 0.01\ 0.01\ 0.13\ -0.02]$
に対して，$M_m=3$ 点 MA フィルタ処理を行った信号 $y(n)$ を求めよ．また，その結果を横軸 n で図示せよ．ただし，$n<0$ または $9<n$ では信号 $x(n)$ は存在しないため計算できないと考えよ．

【解】 $M_m=3$ で式(2·6)を用いて計算する．

$$y(1) = \frac{1}{M_m} \sum_{l=-1}^{l=1} x(1+l) = \frac{1}{3} \{x(0)+x(1)+x(2)\} = 0.35$$

$$\vdots$$

$$y(8) = \frac{1}{3} \{x(7)+x(8)+x(9)\} = 0.04$$

以上から，$y(n)=[0.35\ 0.61\ 0.80\ 0.53\ 0.26\ 0.05\ 0.05\ 0.04]$．ただし，$y(0)$ と $y(9)$ は計算できないので，$n=1, 2, ..., 8$ である．図は省略．

4 メディアンフィルタ

移動平均処理（移動平均フィルタ）とよく似た手法で，雑音成分を除去する方法に，**メディアンフィルタ**（median filter）がある．これは，正規雑音のように恒常的に発生するのではなく，突発的に発生した雑音成分に対して有効な手法である．移動平均フィルタでは，各時点で移動平均の個数分の平均値を計算していたのに対し，メディアンフィルタでは，平均値ではなく中央値を用いる点に違い

がある.以下にその計算手法の詳細について述べる.

〔1〕 メディアンフィルタの計算方法

メディアンフィルタで用いる**中央値**(median)とは,有限個のデータを小さい順に並べたとき,中央にくるデータの値である.中央値は4章1節にて詳細を述べているため,そちらを参照してほしい.

ディジタル信号 $x(n)$ に対して M_d 点(M_d は奇数)のメディアンフィルタ処理を行ったとき,その出力信号 $y(n)$ は次式で定義される.

$$y(n) = \text{Me}\{x_{\text{sub}}(m)\} \tag{2・9}$$

ただし

$$x_{\text{sub}}(m) = [x(n-L)\ x(n-L+1)\ \cdots\ x(n+L)]$$

であり,$L=(M_d-1)/2$ である.このようにメディアンフィルタ処理は,$x(n)$ を中心に $x(n-L)$ から $x(n+L)$ まで合計 M_d 個の標本値の中央値を,すべての標本値にかけて演算する処理である.

図2・8 に,$x(n)=[1\ 3\ 9\ 4\ 5\ 8\ 3\ 6\ 7\ 4\ 2\ 4\ 1...]$ に対して $M_d=5$ のメディアンフィルタで処理する際の概略図を示す.$M_d=5$ であるため,ある時点において前後 $L=(M_d-1)/2=2$ 点,計5点に関して中央値を求める.$y(0)$ と $y(1)$ では,全体で5点を確保できないため,この例では,スタートとして $y(2)$ を求め

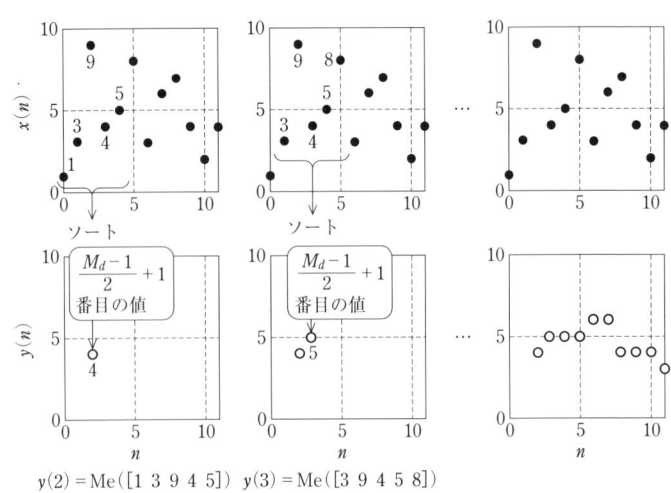

$y(2) = \text{Me}([1\ 3\ 9\ 4\ 5])$ $y(3) = \text{Me}([3\ 9\ 4\ 5\ 8])$

● 図2・8 $M_d=5$ のメディアンフィルタ処理の原理 ●

るところから始めている．$x(2)$ を中心にして前後2点より $x_{\text{sub}}(m)$ は

$\qquad x_{\text{sub}}(m)=[1\ 3\ 9\ 4\ 5]$

ここで中央値は，小さい順に並べ変えたとき中央にくる値である．すなわちこの例では，$L+1=(M_d-1)/2+1=3$ 番目の値である．$x_{\text{sub}}(m)$ を並べ変えると

$\qquad [1\ 3\ 4\ 5\ 9]$

より

$\qquad y(2)=\text{Me}([1\ 3\ 9\ 4\ 5])=4$

である．次に，求める時点を $+1$ し，$y(3)$ を同様の方法で求めると

$\qquad y(3)=\text{Me}([3\ 9\ 4\ 5\ 8])=5$

が求まる．同様に

$\qquad y(4)=\text{Me}([9\ 4\ 5\ 8\ 3])=5$

と，n が 2 から $N-2$（N は $x(n)$ の長さ）まで $y(n)$ を求めることで，メディアンフィルタ処理後の信号 $y(n)$ が得られる．

図 2・8 の例では，$0\leq n\leq L$ と $N-L\leq n\leq N$ の時点における $y(n)$ は，必要な点数 M_d が確保できないため計算しなかった．しかし，信号の長さが変わることを避けたい場合や，これらの点でもデータがほしい場合には，移動平均の場合と同様に得られるデータ点を使って，中央値を計算することで対応する．たとえば図 2・8 の例の場合，$y(0)$，$y(1)$ の値を

$\qquad y(0)=\text{Me}([1\ 3\ 9])=3$

$\qquad y(1)=\text{Me}([1\ 3\ 9\ 4])=3.5$

のように，n を中心に前後 L 点選んだときに，得られる数（$n=0$ のときは 3 点，$n=1$ のときは 4 点）のみ使用して計算する方法が取られる．

〔2〕 **メディアンフィルタの性質**

メディアンフィルタは，突発性の雑音除去や，急激に変化する成分が含まれている信号成分を抽出する処理に優れている．突発性雑音とは，ある時刻において突如生じた雑音成分である．**図 2・9**（a）に，正弦波信号に対して突発性雑音を付加した信号の例を示す．図中の矢印で示した部分が突発性雑音成分である．これに対して，メディアンフィルタ処理（$M_d=5$）を行った結果が図 2・9（b）の黒丸（•）である．正弦波に凸凹が若干生じるが，突発性の雑音成分が除去されていることがわかる．

比較のために MA フィルタ処理（$M_m=5$）を行った結果を図 2・9（b）の灰色

2章 雑音の除去と信号の検出

(a) 正弦波信号＋突発性雑音信号

(b) フィルタ処理後の信号

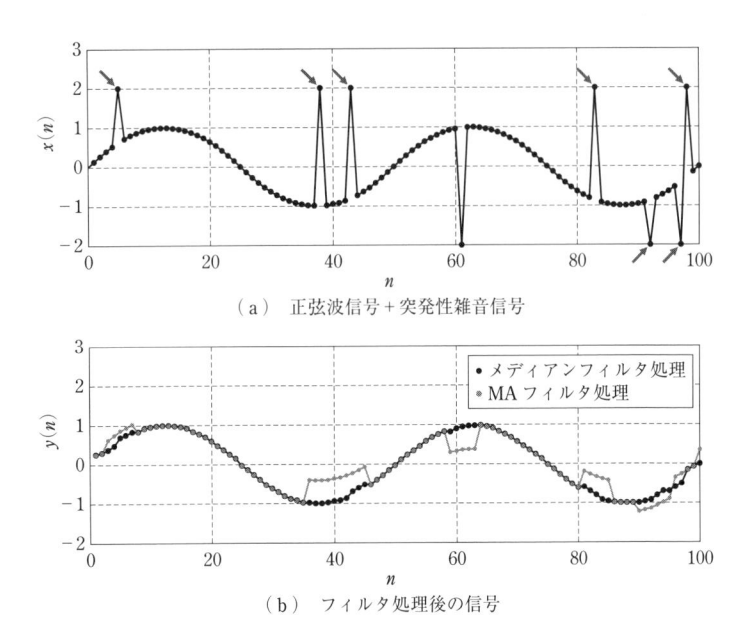

● 図 2・9　突発性雑音に対するメディアンフィルタの効果 1 ●

(a) 矩形波信号＋突発性雑音信号

(b) フィルタ処理後の信号

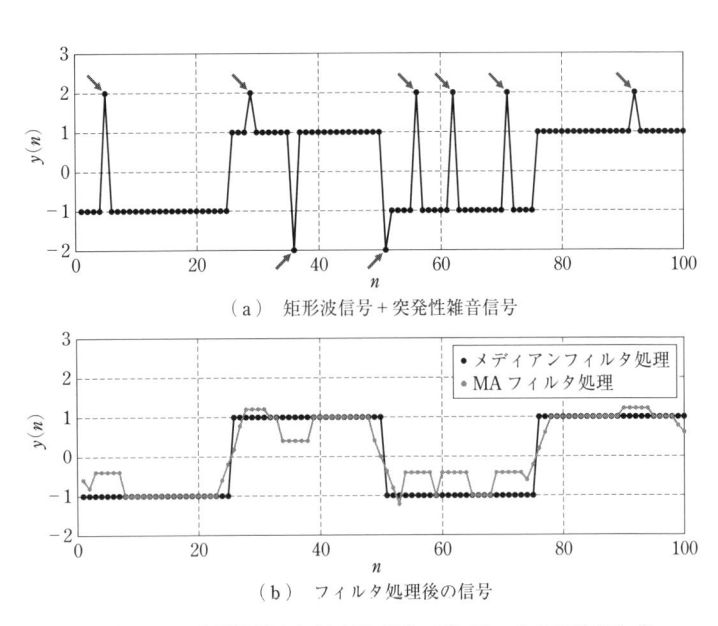

● 図 2・10　突発性雑音に対するメディアンフィルタの効果 2 ●

の丸（●）で示す．MAフィルタ処理では，突発性雑音が生じていた時刻で，正弦波からのずれが大きくなっている．同様に**図2・10**は，矩形波信号＋突発性雑音信号（図2・10(a)）に対して，メディアンフィルタとMAフィルタによる処理を比較した結果である（図2・10(b)）．これらの結果は，MAフィルタ処理では突発性雑音の影響が周囲に及んでしまうのに対して，メディアンフィルタでは，ほぼ突発性雑音だけを除去できることを示している．

次に図2・10(b)で，矩形波信号の立上りや立下りの部分に注目してみよう．図2・10(b)の黒丸（●）で示したメディアンフィルタによる処理結果では，矩形波信号がきれいに抽出できている．一方で図2・10(b)の灰色の丸（●）で示したMAフィルタ処理後の信号は，立上りや立下りの部分が変わっている．

白色雑音のような定常的に生じる雑音を除去するためにMAフィルタやメディアンフィルタを用いた場合でも同様の傾向が見られる．**図2・11**にその一例を

(a) 矩形波信号＋雑音信号

(b) MAフィルタ処理後

(c) メディアンフィルタ処理後

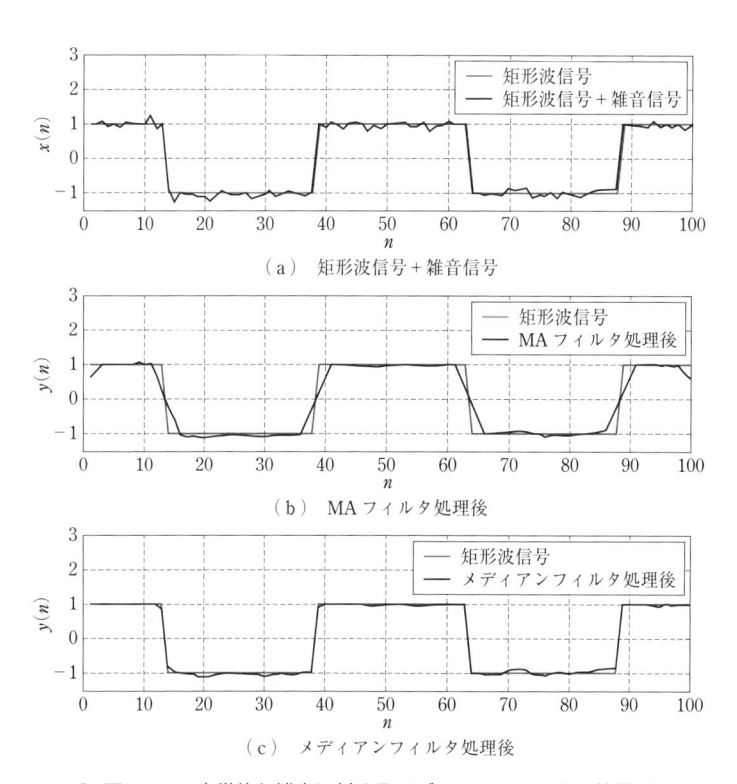

● 図2・11　定常的な雑音に対するメディアンフィルタの効果 ●

2章 雑音の除去と信号の検出

示す．図2·11(a)に示した矩形波信号に定常的な雑音成分（$N(0, 0.1)$ の正規雑音）を重畳した信号に対して，MA フィルタ（$M_m=5$）で処理した信号が図2·11(b)であり，メディアンフィルタ（$M_d=5$）で処理した信号が図2·11(c)である．MA フィルタによって，雑音は除去されているが立上りや立下りの部分も鈍っている（図2·11(b)）．一方で，メディアンフィルタでは，その部分はシャープなままに，雑音成分が小さくなっている（図2·11(c)）．

まとめ

○複数回計測し加算平均処理することで，正規雑音などの定常的に生じる雑音成分を軽減できる．
○信号成分の発生時刻が一致している，定常性を満たしているなど同じ条件で計測できることが，加算平均で雑音を軽減できる条件である．
○定常性が保てないなど繰り返し同じ条件で計測できない場合には，MA フィルタ処理を行う．これは，高周波雑音に対して有効な方法である．
○突発性の雑音除去や，雑音除去の際，信号の立上りや立下りの情報を保存したい場合には，メディアンフィルタが有効である．

演習問題

問1 電圧実効値での SNR が $-3\,\mathrm{dB}$ のディジタル信号 $x(n)$ に対して，8回の加算平均処理を行ったとき，加算平均後の信号 $\bar{x}(n)$ の SNR は何 dB か．ただし，この信号 $x(n)$ は理論通り SNR が改善される条件を満足しているものとする．また，必要であれば，$\log_{10}(2) \fallingdotseq 0.30$，$\log_{10}(3) \fallingdotseq 0.48$，$10^{\frac{1}{10}} \fallingdotseq 1.26$ を利用して計算せよ．

問2 電圧実効値での SNR が $20\,\mathrm{dB}$ のディジタル信号 $x(n)$ がある．雑音成分が大きいため，加算平均をとることにした．少なくとも SNR を $50\,\mathrm{dB}$ まで上げるためには，何回の加算平均処理が必要か．ただし，この信号 $x(n)$ は理論通り SNR が改善される条件を満足しているものとする．

問3 次のディジタル信号 $x(n)$ に対して M_m 点の移動平均処理を行った信号 $y(n)$ を計算せよ．また，$x(n)$，$y(n)$ を横軸 n に対してプロットしたグラフを作成せよ．ただし，$n<0$ または $9<n$ の範囲の時点は，信号が存在しないため計算できないものとする．

$M_m=5$, $x(n)=[0.0\ 3.0\ 4.0\ 1.0\ -2.0\ -1.0\ 0.0\ 1.0\ -1.0\ 0.0]$

問4 ある信号を4試行計測し，標本化周波数 $f_s=10\,\text{Hz}$ で標本化したディジタル信号 $x(n,1) \sim x(n,4)$ を，表 2・3 に示す．これに対する信号処理に関する以下の問に答えよ．ただし，$n<0$ または $9<n$ の範囲の時点では信号は存在しないため計算できないと考えよ．また，必要であれば $\log_{10}(2) \fallingdotseq 0.30$，$\log_{10}(3) \fallingdotseq 0.48$ を用いて計算せよ．

（a） 表 2・2 に示す 4 試行分のディジタル信号 $x(n,1) \sim x(n,4)$ を用いて加算平均を行った信号 $\bar{x}(n)$ を求めよ．また，その結果を横軸 n で図示せよ．

● 表 2・2　計 測 結 果 ●

n	0	1	2	3	4	5
試行1 $x(n,1)$	0.05	0.81	0.97	0.61	0.34	-0.24
試行2 $x(n,2)$	-0.52	1.28	0.83	0.43	0.16	0.06
試行3 $x(n,3)$	0.05	0.85	0.89	0.55	0.25	0.13
試行4 $x(n,4)$	0.08	1.01	0.65	0.56	-0.07	-0.15

（b）（a）の加算平均処理によってSNRは，何dB改善されたか求めよ．

（c）（a）で求めた，$\bar{x}(n)$ に対して 3 点 MA 処理を行った信号 $y(n)$ を求めよ．またその結果を横軸 n で図示せよ．

問5 問4の表 2・2 に示す標本化周波数 $f_s=10\,\text{Hz}$ で標本化したディジタル信号 $x(n,1) \sim x(n,4)$ を，加算平均をとり，その結果を時点 n に対して表示するプログラムを作成せよ．

問6 問4(a)で求めた加算平均したディジタル信号 $\bar{x}(n)$ に対して 3 点 MA 処理を行い，その結果を時点 n に対して表示するプログラムを作成せよ．

3章

微 分 ・ 積 分

　移動する物体の速度を知りたいとき，ポジションセンサからの出力に対して**微分処理**（differentiation）が必要になる．また生体の神経系の活動量を調べるために，その生体信号に対する**積分処理**（integration）結果から評価する場合がある．このほかに，微分処理および積分処理した信号を利用して機械を自動制御する方法に PID 制御があるように，機械・電子制御や信号解析において微分・積分は必須の信号処理方法の一つである．本章では，ディジタル信号に対する微分・積分処理について，その基本的な手法を学習する．

1 ディジタル微分

　2章で扱ったようにディジタル信号は，時間や空間を離散化した信号として表現されている．ディジタル信号 $x(n)$ の微分値 $y(n)$ を求める基本的な方法は，次の2点の標本値を用いる方法である．

$$y(n) = -c_a \cdot x(n-1) + c_a \cdot x(n) \tag{3・1}$$

または

$$y(n) = -c_b \cdot x(n-1) + c_b \cdot x(n+1) \tag{3・2}$$

ここで，c_a, c_b は定数であり，それぞれの値は以下で述べる．

〔1〕 ディジタル微分の原理

　微分値は，その信号の時間的または空間的な変動の様子を表している．ディジタル信号に対する微分を考える前に，アナログ信号の場合について復習しておこう．アナログ信号 $x(t)$ において，ある時刻 t_1 における微分値は

$$x'(t_1) = \left.\frac{dx(t)}{dt}\right|_{t=t_1}$$

と記述する．たとえば，$x(t)$ が物体位置の信号であったとき，毎秒 2 m で等速移動している物体の時刻 t〔s〕における位置 $x(t)$ を表す方程式は

$$x(t) = 2t \ \text{〔m〕}$$

である．ある時刻 t_1〔s〕における微分値は

$$x'(t_1) = 2 \ \text{m/s}$$

34

と等速運動の速度に一致する．別の例として，時刻 t〔s〕における物体位置 $x(t)$ が時間の関数

$$x(t)=2t^2+t \text{〔m〕}$$

で表されるとき，ある時刻 t_1〔s〕における微分値は

$$x'(t_1)=4t_1+1 \text{〔m/s〕}$$

である．これより，$t_1=1$ s のとき $x'(1)=5$ m/s が求まり，$t_1=2$ s のとき $x'(1)=9$ m/s が導出される．このように，アナログ信号 $x(t)$ に対する時間微分 $x'(t)$ とは，時刻 t で，単位時間当たり $x(t)$ がどれだけ変化するかを表す量である．

また，図 **3・1**(a) に示すように横軸 t，縦軸 $x(t)$ で表したグラフにおいて，ある時刻 t_1 における微分値 $x'(t_1)$ は，時刻 t_1 で $x(t)$ に接する接線 a_1t+b_1（a_1 と b_1 は定数）の傾き a_1 と一致する．すなわち

$$a_1=x'(t_1)=\left.\frac{dx(t)}{dt}\right|_{t=t_1}$$

である．したがって，時刻 t_1 における $x(t)$ の微分値を求めたい場合，なんらかの方法で接線の傾き a_1 を求めればよい．

では $x(t)$ を標本化間隔 T（標本化周波数 $f_s=1/T$）で標本化したディジタル信号 $x(n)$ の微分値を求める方法を考えてみよう．ここで前述のように，時刻 t_1 で $x(t)$ に接する接線 a_1t+b_1 の傾き a_1 が微分値に等しいことを利用する．最初に図 3・1(b) に示した方法は，時刻 n_1T と $(n_1-1)T$ での標本値 $x(n_1)$，$x(n_1-1)$

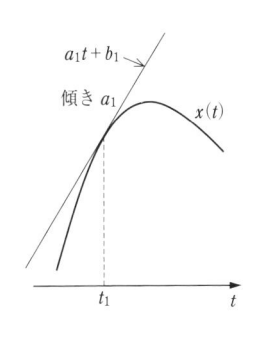

(a) $t=t_1$ での $x(t)$ の微分

(b) $x(n_1)$ と $x(n_1-1)$ を使った微分値

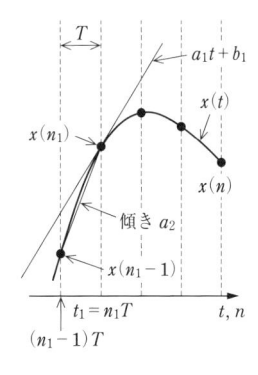

(c) $x(n_1+1)$ と $x(n_1-1)$ を使った微分値

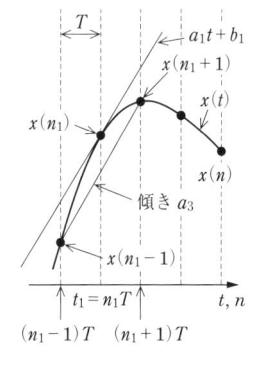

● 図 **3・1** ディジタル微分の意味 ●

を通る直線の傾き a_2 を，a_1 の近似値とする方法である．ここで，傾き a_2 は

$$a_2 = \frac{x(n_1) - x(n_1-1)}{n_1 T - (n_1-1)T} = -\frac{1}{T}x(n_1-1) + \frac{1}{T}x(n_1)$$

で求められる．これより時刻 $t_1 = n_1 T$ での微分値 $y(n_1)$ は，$y(n_1) = a_1 \fallingdotseq a_2$ と考えると

$$y(n_1) = -\frac{1}{T}x(n_1-1) + \frac{1}{T}x(n_1)$$

である．これと同様にすべての時点 n について微分値を求めれば $x(n)$ の微分信号 $y(n)$ が得られる．

$$y(n) = -\frac{1}{T}x(n-1) + \frac{1}{T}x(n) = -f_s \cdot x(n-1) + f_s \cdot x(n) \tag{3・3}$$

これと式(3・1)を比較すると，式(3・1)の定数 c_a は

$$c_a = \frac{1}{T} = f_s$$

である．

今述べた方法では，$x(n_1)$，$x(n_1-1)$ を用いて傾き a_1 の近似値を求めた．ところが，$x(n)$ によっては，傾き a_2 と a_1 の差が大きく，微分値の誤差が大きくなる場合がある（図3・1(b)に示す結果も，傾き a_1 と a_2 の差は大きい）．また，後述するが，式(3・1)による微分値は位相がずれるという問題点も抱えている．位相ずれの問題は，図3・1(c)に示すように，時点 n_1 を挟んだ2点である時刻 $(n_1-1)T$ と $(n_1+1)T$ での標本値 $x(n_1-1)$，$x(n_1+1)$ を通る直線の傾き a_3 を微分値とすれば回避できる．この場合について，さきほどと同様の方法で，微分値 $y(n)$ の方程式を求めると

$$y(n) = -\frac{1}{2T}x(n-1) + \frac{1}{2T}x(n+1) = -\frac{f_s}{2}x(n-1) + \frac{f_s}{2}x(n+1)$$

$$\tag{3・4}$$

となる．これと式(3・2)を比較すると，式(3・2)の c_b は

$$c_b = \frac{f_s}{2}$$

である．

図3・2(a)に示す標本化周波数 $f_s = 1\,\text{Hz}$ のディジタル信号 $x(n)$ から，式(3・3)，式(3・4)により微分値を計算した例を，それぞれ図3・2(b)および(c)に示

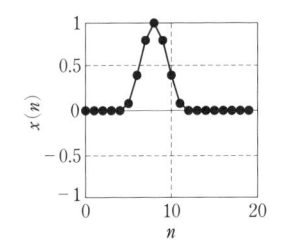

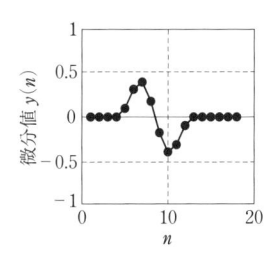

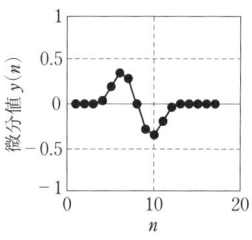

(a) 標本化周波数1Hzで標本化したディジタル信号 $x(n)$
(b) (a)に対して式(3·3)を用いて求めた微分値
(c) (a)に対して式(3·4)を用いて求めた微分値

● 図3·2 微分処理の例 ●

す．この $x(n)$ のように，ある時刻で発生する単相波形の微分は，$x(n)$ の立上りにはプラス，立下りにはマイナスになる二相性の波形を示す．ここで，図3·2(b)と(c)を比較すると，式(3·3)，式(3·4)という計算方法で波形の形状差はほぼないことがわかる．一方で，$x(n)$ がピークに到達する時点（$n=8$）に注目すると，式(3·4)で計算した微分波形（図3·2(c)）においては，$y(n)=0$ のレベルと交わる時点（すなわち微分値が0になる時点）は，$n=8$ である．一方で，式(3·3)による結果（図3·2(b)）は，$n=8$ からずれが生じている．この結果は，信号発生時刻を求めるために微分信号を利用する場合，式(3·4)がより適切であることを示している．

[**例題3·1**] 次のディジタル信号 $x(n)$ の微分を式(3·3)，式(3·4)にしたがって計算せよ．ただし，標本化間隔 $T=0.10\,\mathrm{s}$ とする．また，$n<0$ または $5<n$ において $x(n)$ は存在しないものとして計算せよ．

$x(n)=[0.0\ 2.0\ 3.0\ 1.0\ -1.0\ -3.0]$

【解】 $x(n)$ 標本化周波数は，$f_s=1/T=10\,\mathrm{Hz}$ である．式(3·3)にしたがい，微分値を求めると

$y(1)=-f_s \cdot x(0)+f_s \cdot x(1)=10\times(-0.0+2.0)=20$
$y(2)=-f_s \cdot x(1)+f_s \cdot x(2)=10\times(-2.0+3.0)=10$
$\vdots$
$y(5)=-f_s \cdot x(4)+f_s \cdot x(5)=10\times\{-(-1.0)+(-3.0)\}=-20$
$\therefore\ y(n)=[20\ 10\ -20\ -20\ -20]$，ただし，$n=1,2,...,5$．

次に，式(3·4)にしたがい，微分値を求めると

$$y(1) = -\frac{f_s}{2} \cdot x(0) + \frac{f_s}{2} \cdot x(2) = 5 \times (-0.0 + 3.0) = 15$$

$$y(2) = -\frac{f_s}{2} \cdot x(1) + \frac{f_s}{2} \cdot x(3) = 5 \times (-2.0 + 1.0) = -5$$

$$\vdots$$

$$y(4) = -\frac{f_s}{2} \cdot x(3) + \frac{f_s}{2} \cdot x(5) = 5 \times \{-1.0 + (-3.0)\} = -20$$

$$\therefore \quad y(n) = [15 \;\; -5 \;\; -20 \;\; -20], \;\; ただし, \;\; n = 1, 2, ..., 4.$$

2 低域微分

　図3・2の例では，比較的滑らかな信号に対して微分処理を行った．では，実際の観測信号に近い雑音成分が重畳した信号に対して微分処理を施すとどうなるだろうか．**図3・3**にその例を示す．図3・3(b)に，図3・3(a)に示した信号に対して式(3・4)を用いた微分処理結果を示す．雑音成分は不規則に変動する成分のため，微分信号は，その影響が強調された信号になる．このように信号成分に比較して雑音が小さい場合でも，微分処理では予想外に雑音が強調される．微分処理は，場合によって信号成分の判別が困難になる欠点を抱えている．

　この現象を抑えるためには，前章で述べた加算平均や移動平均処理を用いて，事前に雑音成分を十分に除去しておく必要がある．また，特に信号成分がゆっくりと変化するとわかっている場合（低い周波数帯域の信号成分の場合）は，次式の**低域微分処理**を用いることで，雑音による影響を抑えたうえで微分信号を求めることが可能である．

$$y(n) = -c_c \cdot x(n-2) - c_c \cdot x(n-1) + c_c \cdot x(n+1) + c_c \cdot x(n+2) \quad (3 \cdot 5)$$

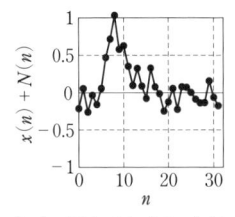

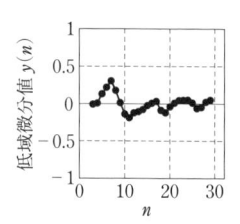

（a）図3・2(a)の$x(n)$に雑音を重畳した記号　　（b）（a）に対して式(3・4)を用いて求めた微分値　　（c）（a）に対して式(3・5)を用いて求めた微分値

● **図3・3　微分処理と低域微分処理の比較** ●

ここで，c_c は係数であり
$$c_c = \frac{f_s}{6} = \frac{1}{6T}$$
である．

図3·3（c）に図3·3（a）に示した信号に対して式(3·5)を用いた低域微分処理結果を示す．通常の微分処理（図3·3（b））と比較すると明らかに雑音の影響が抑えられており，信号成分の微分値（図3·2（c））が明瞭に得られている．式(3·5)に示した低域微分処理は，時刻 n を中心に前後2点（計4点）を用いている．この信号処理は，2章で述べた移動平均と，前述の微分処理を同時に行うことに相当している．

[例題3·2] 次のディジタル信号 $x(n)$ に対して（a），（b）のディジタル信号処理を行え．ただし，標本化間隔 $T=1/3.0$ s とする．
$$x(n)=[5.0\ 2.0\ 0.0\ -1.0\ -3.0\ -4.0\ -2.0\ 1.0]$$
（a） 式(3·4)にしたがった微分処理
（b） 低域微分処理

【解】 $x(n)$ の標本化周波数は，問題より $f_s=1/T=3.0$ Hz である．
（a） 式(3·4)にしたがい，微分値を求めると
$$y(1) = -\frac{f_s}{2}\cdot x(0) + \frac{f_s}{2}\cdot x(2) = \frac{3}{2}\times(-5.0+0.0) = -\frac{15}{2} = -7.5$$
$$\vdots$$
$$y(6) = -\frac{f_s}{2}\cdot x(5) + \frac{f_s}{2}\cdot x(7) = \frac{3}{2}\times\{-(-4.0)+1.0\} = \frac{15}{2} = 7.5$$
$$\therefore\quad y(n) = [-7.5\ -4.5\ -4.5\ -4.5\ 1.5\ 7.5],\quad ただし，n=1, 2, ..., 6.$$
（b） 式(3·5)にしたがい，低域微分値を求めると
$$y(2) = -\frac{f_s}{6}\cdot x(0) - \frac{f_s}{6}\cdot x(1) + \frac{f_s}{6}\cdot x(3) + \frac{f_s}{6}\cdot x(4)$$
$$= \frac{3}{6}\times(-5.0-2.0-1.0-3.0) = -\frac{11}{2} = -5.5$$
$$\vdots$$
$$y(5) = -\frac{f_s}{6}\cdot x(3) - \frac{f_s}{6}\cdot x(4) + \frac{f_s}{6}\cdot x(6) + \frac{f_s}{6}\cdot x(7)$$

$$= \frac{3}{6} \times \{-(-1.0)-(-3.0)-2.0+1.0\} = \frac{3}{2} = 1.5$$

∴ $y(n) = [-5.5 \ -4.5 \ -2.5 \ 1.5]$, ただし, $n = 2, 3, 4, 5$.

3 ディジタル積分

最初にディジタル微分と同様に2点の標本点を用いた積分処理を考える．あるディジタル信号 $x(n)$ の区間 $[n-1 \ n]$ の積分値 $y(n)$ は，それぞれの時刻での $x(n)$ に係数 c_d を掛けた和は

$$y(n) = c_d \cdot x(n) + c_d \cdot x(n-1) \tag{3・6}$$

で計算される．これは，時点が移動するごとに信号 $x(n)$ の大きさがどのように変動したのか表す数値である．

一般的に，ある区間 $[a \ b]$ における信号の強さを評価するために積分値を使用する．積分区間 $[a \ b]$ を無限大の過去の時点からその時点 n までに設定した**完全積分**は，ディジタル信号の場合，次のような累和演算になる．

$$y(n) = c_e \cdot x(n) + c_e \cdot x(n-1) + \cdots$$
$$= c_e \sum_{l=0}^{\infty} x(n-l) = c_e \sum_{m=-\infty}^{n} x(m) \tag{3・7}$$

また，任意の標本数 M_i ごとの積分値は，**区間積分**とも呼ばれ

$$y(n) = c_f \cdot x(n) + c_f \cdot x(n-1) + \cdots + c_f \cdot x(n-M_i+1)$$
$$= c_f \sum_{l=0}^{l=M_i-1} x(n-l) = c_f \sum_{m=n-M_i+1}^{n} x(m) \tag{3・8}$$

で求められる．この式(3・8)では積分値 $y(n)$ の位相が問題になるため，場合によっては式(3・8)の和をとる区間を次のように変更した

$$y(n) = c_f \cdot x(n-L) + \cdots + c_f \cdot x(n) + \cdots + c_f \cdot x(n+L)$$
$$= c_f \sum_{l=-L}^{L} x(n-l) = c_f \sum_{m=n-L}^{n+L} x(m) \tag{3・9}$$

も使用される．ここで，$L = (M_i-1)/2$ であり，この場合，M_i は奇数である．式(3・6)～式(3・9)中の c_d, c_e, c_f はすべて定数であり，それぞれの値は次頁で導出する．

3 ディジタル積分

〔1〕 ディジタル積分の原理

　積分値は，時間的または空間的に変動する信号のある区間での総和を表す．微分の場合と同様に，ディジタル信号に対する積分を考える前に，アナログ信号の場合について復習しておこう．アナログ信号 $x(t)$ において，ある区間 $[t_1\ t_2]$ における定積分は

$$S = \int_{t_1}^{t_2} x(t) dt$$

である．この演算によって求まる積分値 S は，**図 3·4**(a) に示すように横軸 t，縦軸 $x(t)$ で表したグラフにおいて，曲線 $x(t)$ と直線 $x=0$, $t=t_1$, $t=t_2$ によって囲まれた領域の面積に相当する．ただし，$x>0$ の領域の面積 S_+ は正，$x<0$ の領域での面積 S_- は負として和を計算する．

　次に，図 3·4(b) に示す $x(t)$ を標本化間隔 T で標本化したディジタル信号 $x(n)$ に対して，ある区間 $[t_1\ t_2]=[n_1T\ n_2T]$ での積分値 S を考える．これを近似的に求める最も簡単な方法は，ある時点 m から次の時点 $m+1$ の標本値を $x(m)$ のまま一定であると仮定する方法である．この場合，m から $m+1$ までの 1 区間の積分値は，図 3·4(b) に示すように，短冊状の長方形の面積は

$$S_m = T \cdot x(m) \tag{3·10}$$

で計算される．また，区間 $[n_1T\ n_2T]$ での標本点数 M_i は

$$M_i = n_2 - n_1 + 1$$

であるため，区間 $[n_1T\ n_2T]$ における短冊状の長方形の面積の総和 S は

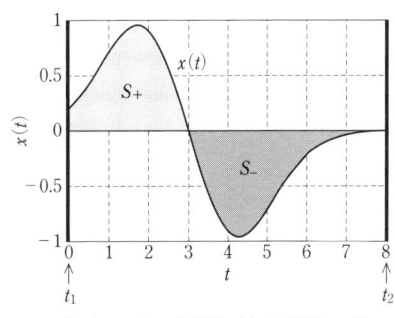

(a) アナログ信号 $x(t)$ の区間 $[t_1\ t_2]$ における定積分の概念図

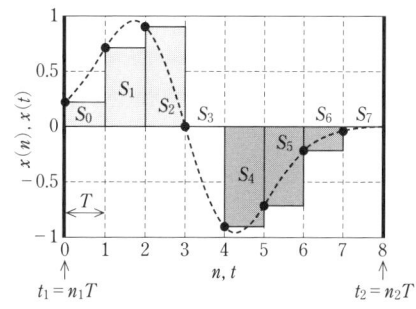

(b) $x(t)$ をある標本化間隔で離散化したディジタル信号 $x(n)$ の区間 $[n_1\ n_2]$ における積分の概念図

● 図 3·4　ディジタル積分の意味 ●

$$S = \sum_{m=0}^{M_i-1} S_m = \sum_{m=0}^{M_i-1} \{T \cdot x(m)\} = T \sum_{m=0}^{M_i-1} x(m) \tag{3・11}$$

である．式(3・11)と，前節に示した式(3・6)〜(3・9)を比較すると，異なっているのは積分区間 $[t_1\ t_2] = [n_1 T\ n_2 T]$ のみである．たとえば，式(3・6)は積分区間が $[n-1\ n]$ の場合であり，式(3・7)は $[-\infty\ n-1]$ の場合に相当する．したがって，式(3・6)〜(3・9)中の係数 $c_d,\ c_e,\ c_f$ はすべて等しく

$$c_d = c_e = c_f = T = \frac{1}{f_s}$$

である．

ある信号 $x(n)$ の積分処理例を**図 3・5**に示す．図 3・5(b)は，図 3・5(a)に示す $x(n)$ に対して式(3・9)より求めた区間積分信号である．ここで，積分区間幅は

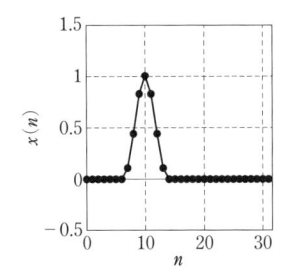

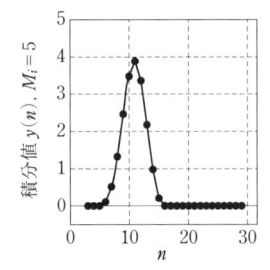

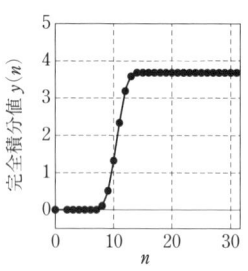

（a） 標本化周波数 1 Hz で標本化したディジタル信号 $x(n)$ 　（b） （a）に対して式(3・9)より求めた積分値（$M_i=5$）　（c） （a）に対して式(3・7)より求めた完全積分値

● 図 3・5　ディジタル積分の例 ●

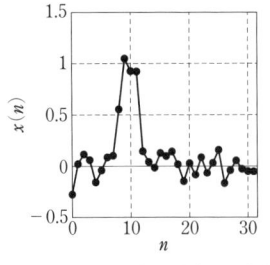

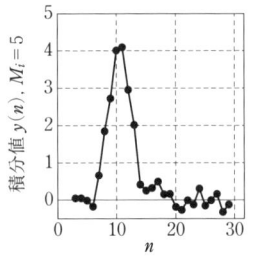

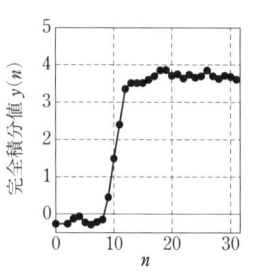

（a） 図 3・5(a)の $x(n)$ に雑音を重畳した記号　（b） （a）に対して式(3・9)より求めた積分値（$M_i=5$）　（c） （a）に対して式(3・7)より求めた完全積分値

● 図 3・6　雑音成分が重畳した場合のディジタル積分の例 ●

$M_i=5$ で計算した．また図 3・5（ c ）は，図 3・5（ a ）に示す信号に対して式(3・7)を用いて求めた完全積分信号である．このように，区間積分信号（図 3・5（ b ））は，ある時間（この場合は，$M_i=5$）内の積分値の変動を示している．また，完全積分信号（図 3・5（ c ））は，その時刻までの信号値の累積を示している．

図 3・6 は，図 3・5 と同じ処理を，図 3・6（ a ）に示す雑音成分を含む信号に対して行った結果である．これら結果は，区間積分値（図 3・6（ b ））および完全積分値（図 3・6（ c ））とも，元の信号 $x(n)$ に比較して雑音成分が低下することを示している．これは，式(3・9)と移動平均の式(2・7)を比較すると，どちらもある区間内の $x(n)$ の総和を計算しており，乗じている係数が違うだけであることからも明らかである．すなわち，積分計算と移動平均とは，同様な演算であり，雑音を軽減する効果が得られる．

[**例題 3・3**] 次のディジタル信号 $x(n)$ に対して次の（a），（b）のディジタル信号処理を行え．ただし，標本化間隔 $T=1/2.0$ s とする．

$x(n)=[0.0\ 1.0\ 2.0\ 0.5\ -1.0\ -0.5\ -0.5\ 0.0]$

（a） $M_i=5$ で式(3・9)にしたがった積分処理
（b） 完全積分処理

【解】（a）式(3・9)にしたがい，$M_i=5$ で積分値を求める．

$$y(2)=T\cdot\{x(0)+x(1)+x(2)+x(3)+x(4)\}$$

$$=\frac{1}{2.0}\times(0.0+1.0+2.0+0.5-1.0)=\frac{2.5}{2.0}=1.25$$

$$\vdots$$

$$y(5)=T\cdot\{x(3)+x(4)+x(5)+x(6)+x(7)\}$$

$$=\frac{1}{2.0}\times(0.5-1.0-0.5-0.5+0.0)=-\frac{1.5}{2.0}=-0.75$$

∴ $y(n)=[1.25\ 1.0\ 0.25\ -0.75]$，ただし，$n=2,3,4,5$．

（b） 式(3・7)にしたがい，完全積分値を求める．

$$y(0)=T\cdot x(0)=\frac{1}{2.0}\times 0.0=0.0$$

$$y(1)=T\cdot\{x(1)+x(0)\}=\frac{1}{2.0}\times(1.0+0.0)=\frac{1.0}{2.0}=0.5$$

$$\vdots$$

$$y(7) = T \cdot \{x(7) + x(6) + x(5) + \cdots + x(0)\}$$
$$= \frac{1}{2.0} \times (0.0 - 0.5 - 0.5 - 1.0 + 0.5 + 2.0 + 1.0 + 0.0) = \frac{1.5}{2.0} = 0.75$$
$$\therefore \quad y(n) = [0.0\ 0.5\ 1.5\ 1.75\ 1.25\ 1.0\ 0.75\ 0.75], \quad ただし, \quad n = 0, 1, 2, ..., 7.$$

さて，ここで，$y(0)$ と $y(1)$ の計算を比較すると，$y(1)$ は $y(0)$ に $T \cdot x(1)$ だけ加算したものである．すなわち

$$y(1) = T \cdot x(1) + y(0)$$

である．同様に $y(1)$ と $y(2)$ の計算を比較すると，$y(2)$ は $y(1)$ に $T \cdot x(2)$ だけ加算したものである．すなわち

$$y(2) = T \cdot x(2) + y(1)$$

である．これは，ほかのどの時点でも成立し，次の関係式が成り立つ．

$$y(n) = T \cdot x(n) + y(n-1)$$

したがって，完全積分は時間的（または空間的）累積加算する計算であると言い換えられる．

〔2〕 **台形公式による積分処理** ■ ■ ■

前節で述べたように式(3·6)～(3·9)を用いて積分信号を求める方法では，ある時点 m から次の時点 $m+1$ の標本値は，$x(m)$ のまま一定であると仮定し，区間ごとに短冊状の長方形の面積を求めることで積分値を計算している．この方法によって求められる積分値は，信号成分の変化が少ない場合は良好であるが，変化が大きくなると誤差が大きくなる．たとえば図 3·4 にて，図 3·4(a)に示す $x(t)$

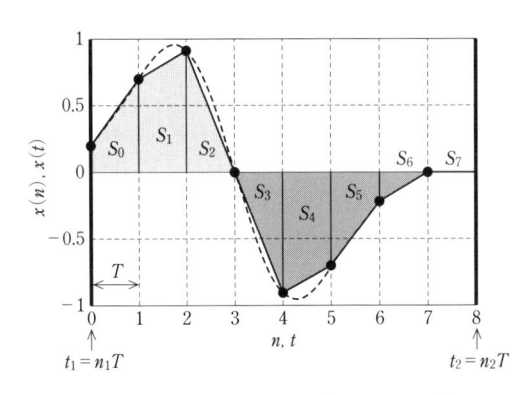

● **図 3·7 台形公式によるディジタル積分** ●

の積分 ($S_+ - S_-$) と，図3・4(b)に示すそれを離散化した $x(n)$ の積分 ($S_0 + S_1 + \cdots - S_4 - \cdots - S_7$) を比較するとその差は明らかである．

より精度の高い方法として，区間 $[m \ m+1]$ の面積の計算を**図3・7**のように台形と仮定して計算する方法がある．これを台形公式による積分処理という．この場合，区間 $[m \ m+1]$ の面積を求める式(3・10)を，次のように台形の面積を求める計算式に変更する．

$$S_m = \frac{T}{2} \cdot \{x(m) + x(m+1)\} \tag{3・12}$$

これより区間 $[n_1 T \ n_2 T]$ での面積は

$$S = \sum_{m=0}^{M_i-1} S_m = \frac{T}{2} \sum_{m=0}^{M_i-1} \{x(m) + x(m+1)\} \tag{3・13}$$

より求められる．これより，台形公式を用いた完全積分処理は

$$y(n) = \frac{T}{2} \sum_{m=-\infty}^{n} \{x(m-1) + x(m)\} \tag{3・14}$$

であり，M_i 点の区間積分処理は

$$y(n) = \frac{T}{2} \sum_{m=n-M_i+1}^{n} \{x(m-1) + x(m)\} \tag{3・15}$$

または

$$y(n) = \frac{T}{2} \sum_{m=n-L}^{n+L} \{x(m-1) + x(m)\} \tag{3・16}$$

である．ここで，$L = (M_i - 1)/2$ であり，式(3・16)の場合 M_i は奇数である．

まとめ

○微分値は，ディジタル信号の場合，式(3・4)のように二つの時点での標本値の差に適切な係数を掛けることで求められる．
○微分処理に用いる時点を増やし，式(3・5)のように適切な係数を求めることで，高周波の雑音成分を除去しつつ微分処理を行う低域微分も可能になる．
○各時点の標本値の差分をとるのではなく，和をとることで式(3・9)などの積分処理が実現される．
○積分処理には，区間積分処理と完全積分処理があり，雑音成分混じりの信号値の時

間的な変化を定量化する際に有効な処理の一つである.

演習問題

問1 次の $x(n)$ に対する（a）～（d）のディジタル信号処理後の出力信号 $y_1(n)$～ $y_4(n)$ を求めよ．また，その結果を横軸 n に対して描画せよ．ただし，$x(n)$ の標本化間隔 $T=1/6.0$ s とする.

$x(n) = [3.0\ 2.0\ 0.0\ -1.0\ 1.0\ 3.0\ 2.0\ -1.0]$

（a） 式（3・4）にしたがった微分処理後の信号 $y_1(n)$
（b） 低域微分処理後の信号 $y_2(n)$
（c） $M_I=3$ で式（3・9）にしたがった区間積分処理後の信号 $y_3(n)$
（d） 完全積分処理後の信号 $y_4(n)$

問2 微分処理を行うプログラムを作成し，問1の結果と比較せよ.
問3 積分処理を行うプログラムを作成し，問1の結果と比較せよ.
問4 低域微分処理を行うプログラムを作成し，問1の結果と比較せよ.

4章

基本統計量の計算

　たとえば，ある制御装置にてセンサ出力信号（たとえば図 4・1(a)と(b)）の違いによって制御を変更したいとしよう．この場合，それぞれの信号について差がある性質を定量的に求める必要がある．ここで，信号の性質のことを**特徴**（feature）と呼び，その量のことを**特徴量**（feature value）と呼ぶ．信号振幅（最大振幅）も特徴量の一つである．本章では，ある信号の特徴量として平均や分散などの基本統計量や平均パワーなどを定義し，それらがディジタル信号のどんな特徴量であるのかについて学習する．本章の内容は，2章および5章を理解するために重要な概念を含んでいる．

1　ディジタル信号の特徴量

〔1〕平均値，分散，標準偏差

　図 4・1(a)，(b)に示した2種類のディジタル信号をどのように特徴づければ両者を定量的に区別できるようになるだろうか．これらは，どちらも不規則性が高い信号であることから特徴量として，それぞれのディジタル信号の標本値から統計学と同じように計算された**統計量**（statistic）が使用される．

　長さ（標本点数）が N のディジタル信号 $x(n)$ について考える．$x(n)$ の標本値（各時刻での信号の値）が，どの値を中心にして変動しているかを表す統計量として，**平均値**（mean）と**中央値**（median）がよく使用される．

　平均値 μ は $x(n)$ の標本値の総和を長さ N で割った次式で求められる．

$$\mu = \frac{1}{N}\sum_{n=0}^{N-1} x(n) \qquad (4 \cdot 1)$$

　これは，図 4・1(a)，(b)に点線で示したように，$x(n)$ が全体的に正負どちらにどの程度，偏っているかを表していることから，**直流成分**（direct current (DC) component）とも呼ばれる（6章も参照）．

　中央値は，$x(n)$ の標本値を小さいほうから大きいほうに順に並べた真ん中の値である．たとえば，$x(n) = [1\ 7\ 3\ 5\ 9]$ という信号の中央値は，次のように考

47

■ 4章　基本統計量の計算

(a) あるディジタル信号 $x_1(n)$

(b) あるディジタル信号 $x_2(n)$

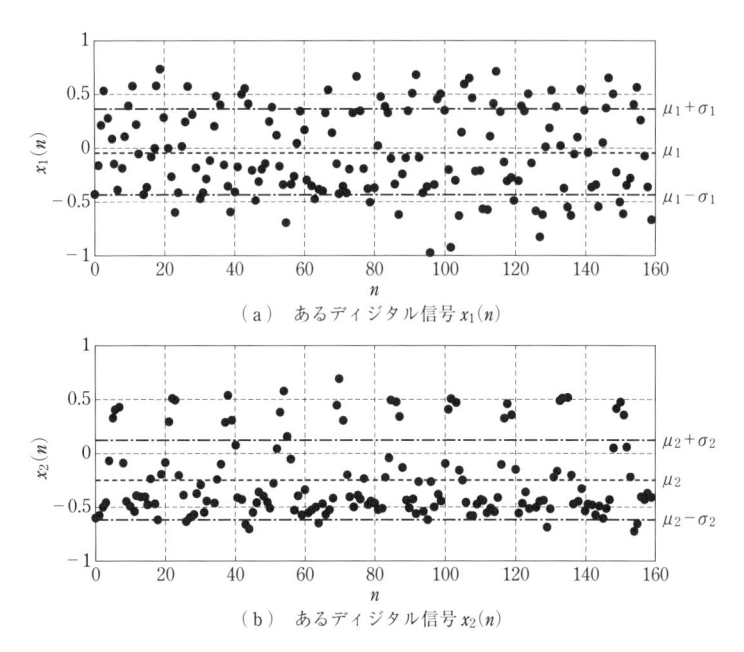

● 図 4・1　ディジタル信号の統計量 ●

える．$x(n)$ を小さい順に並べると

[1 3 5 7 9]

これの真ん中であるから，求める中央値は，3番目（$(N-1)/2+1$ 番目）であり

$\mathrm{Me}\{x(n)\}=5$

である．また，$x(n)=[1\ 2\ 3\ 4\ 5\ 6\ 7\ 8]$ のように信号の長さが偶数の場合は，$(N-1)/2$ 番目と $(N-1)/2+1$ 番目の値である「4」と「5」を足して 2 で割った「4.5」が中央値である．

[**例題 4・1**]　次の標本値の平均値と中央値を求めよ．

21, 53, 24, 22, 24

【解】　$N=5$ より平均値は

$$\mu=\frac{21+53+24+22+24}{5}=28.8$$

標本値を小さい順に並べると21, 22, 24, 24, 53である．よって，求める中央値はMe＝24である．

例題4·1の答えのように，平均値は一部の外れ値（例題4·1では53）の影響を受けやすい．一方で中央値は，その影響は受けにくく，データ集合の代表的な値を反映しやすいのが特徴である．したがって標本値の分布（4章2節を参照）によっては，信号の変動の中心を表す特徴量として平均を用いるよりも中央値を用いたほうが適切な場合がある．

次に$x(n)$の標本値の広がりを表す統計量である**分散**（variance）σ^2は，平均値μを使い，次式で求められる．

$$\sigma^2 = \frac{1}{N-1} \sum_{n=0}^{N-1} \{x(n) - \mu\}^2 \qquad (4 \cdot 2)$$

この式で計算される分散は，不偏性を考慮していることから**不偏分散**（unbiasd variance）とも呼ばれる．**標準偏差**（standard deviation）は分散σ^2の平方根であり

$$\sigma = \sqrt{\sigma^2} = \sqrt{\frac{1}{N-1} \sum_{k=0}^{N-1} \{x(k) - \mu\}^2} \qquad (4 \cdot 3)$$

である．図4·1（a），（b）に，式(4·3)より求めた標準偏差σを，それぞれ一点鎖線で示した．このように分散や標準偏差は，平均値を中心にどの程度標本値が散らばっているかを表す特徴量である．

[**例題4·2**] 次のディジタル信号$x(n)$，$y(n)$の（a）平均値，（b）分散，（c）標準偏差を計算せよ．

$x(n) = [0.0 \ 3.0 \ 4.0 \ 1.0 \ -2.0 \ -1.0 \ 0.0 \ 1.0 \ -1.0 \ 0.0]$

$y(n) = [2.0 \ 1.0 \ 0.0 \ 2.0 \ 4.0 \ 3.0 \ 1.0 \ 2.0]$

【解】（a）　$x(n)$について，平均値は，式(4·1)より

$$\mu_x = \frac{1}{N} \sum_{n=0}^{N-1} x(n)$$

$$= \frac{1}{10}(0.0 + 3.0 + 4.0 + 1.0 - 2.0 - 1.0 + 0.0 + 1.0 - 1.0 + 0.0)$$

$$= 0.50$$

（b） 分散は式(4·3)より

$$\sigma_x^2 = \frac{1}{N-1}\sum_{n=0}^{N-1}\{x(n)-\mu\}^2$$

$$= \frac{1}{9}\{(0.0-0.50)^2+(3.0-0.50)^2+\cdots+(0.0-0.50)^2\}=3.39\fallingdotseq 3.4$$

（c） （b）で求めた分散の平方根が標準偏差であるので

$$\sigma_x = \sqrt{3.39} = 1.84 \fallingdotseq 1.8$$

$y(n)$ についても同様に

（a） 平均値

$$\mu_y = \frac{1}{N}\sum_{n=0}^{N-1}x(n) = \frac{1}{8}(2.0+1.0+0.0+2.0+4.0+3.0+1.0+2.0)=1.875\fallingdotseq 1.9$$

（b） 式(4·5)より

$$\sigma_y^2 = \frac{1}{N-1}\sum_{n=0}^{N-1}\{x(n)-\mu\}^2$$

$$= \frac{1}{7}\{(2.0-1.88)^2+(1-1.88)^2+\cdots+(2-1.88)^2\}=1.55\fallingdotseq 1.6$$

（c） $\sigma_y = \sqrt{1.55} = 1.24 \fallingdotseq 1.2$

〔2〕 パワーと実効値 ■■■

前で紹介した統計量以外にも，ディジタル信号の特徴量としてよく用いられる特徴量がいくつかある．ここでは，そのなかでも信号の強さを表す際によく使用される，パワーと実効値について順に解説する．

電気回路で抵抗 R に電流 $i(t)$ が流れるとき，その瞬時パワー（瞬時電力） $p(t)$ は，電流 $i(t)$ の2乗に比例し抵抗 R に比例することから，その関係式を $p(t) = Ri^2(t)$ と記述できる．これに対応して，ディジタル信号 $x(n)$ の時点 n ごとに標本値を2乗した信号を，**瞬時パワー**（power）$p_x(n)$ と定義する．すなわち

$$p_x(n) = x^2(n) \tag{4·4}$$

である．**図 4·2** に，ある信号 $x(n)$ の瞬時パワーを求めた例を示す．図 4·2（a）が信号 $x(n)$，図 4·2（b）がその瞬時パワー信号である．この例のように瞬時パワー信号は，各時点での標本値の2乗であるためすべての時刻で正の値をとる．

(a) ある信号 $x(n)$ (b) $x(n)$ の瞬時パワー $p_x(n)$

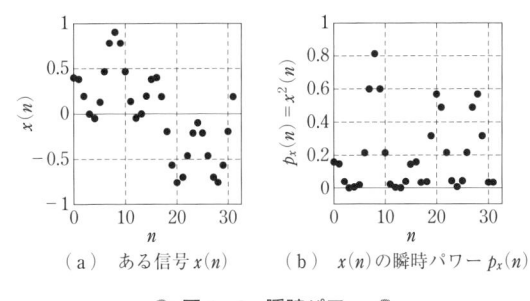

● 図4・2 瞬時パワー ●

次に**エネルギー**（energy）E_x を，次式で示す瞬時パワー $p_x(n)$ の総和で定義する．

$$E_x = \sum_{n=-\infty}^{\infty} p_x(n) = \sum_{n=-\infty}^{\infty} x^2(n) \tag{4・5}$$

また，**平均パワー**（average power）P_x を次のように定義する．

$$P_x = \lim_{N \to \infty} \frac{1}{2N+1} \sum_{n=-N}^{N} p_x(n) = \lim_{N \to \infty} \frac{1}{2N+1} \sum_{n=-N}^{N} x^2(n) \tag{4・6}$$

以上の準備のもとで，$0 < E_x < \infty$ を満たす信号を**有限エネルギー信号**（energy signal）といい，$0 < P_x < \infty$ を満たす信号を**有限パワー信号**（power signal）という．瞬時パワー $p_x(n)$ が，各時点 n でのパワー値なのに対し，エネルギー E_x や平均パワー P_x は，信号 $x(n)$ 全体を用いた量であることに注意してほしい．

さて，エネルギー，平均パワーのほかに信号の強さを表す量として，**二乗平均平方根**（**RMS**：root mean square）もよく用いられる．標本点 N のディジタル信号 $x(n)$ において，その RMS は

$$A_x = \sqrt{\frac{1}{N} \sum_{n=0}^{N-1} x^2(n)} \tag{4・7}$$

で求められる．これは式(4・6)で定義した平均パワー P_x の平方根に一致する．また，時間によって変動する信号の物理的な実効量でもあることから**実効値**（effective value）とも呼ばれる．これは，4章1節の式(4・3)と比較するとわかるように，平均 $\mu = 0$ のときの標準偏差 σ にほぼ等しい．したがって，4章3節で述べる雑音成分のように，平均 $\mu = 0$ で不規則に変動する信号においては

$$A_x = \sqrt{\frac{1}{N}\sum_{n=0}^{N-1}x^2(n)} = \sqrt{\frac{1}{N}\sum_{n=0}^{N-1}\{x(n)-0\}^2} \fallingdotseq \sigma \qquad (4 \cdot 8)$$

である．

[**例題 4・3**] 次のディジタル信号 $x(n)$ および $y(n)$ $(n=0,1,2,\cdots,7)$ の瞬時パワー，エネルギー，平均パワー，実効値（RMS）をそれぞれ計算せよ．

$x(n) = [1\ 1\ 1\ 1\ 0\ 0\ 0\ 0]$

$y(n) = [2\ 0\ -2\ 0\ 2\ 0\ -2\ 0]$

【解】 $x(n)$ の瞬時パワー $p_x(n)$ は

$p_x(n) = x^2(n) = [1^2\ 1^2\ 1^2\ 1^2\ 0\ 0\ 0\ 0] = [1\ 1\ 1\ 1\ 0\ 0\ 0\ 0]$

エネルギー E_x は

$$E_x = \sum_{n=0}^{7} p_x(n) = 1+1+1+1+0+0+0+0 = 4$$

平均パワー P_x は，$x(n)$ のデータ点数が 8 点なので

$$P_x = \frac{E_x}{N} = \frac{4}{8} = \frac{1}{2} = 0.5$$

である．実効値は，平均パワーより

$$A_x = \sqrt{P_x} = \sqrt{\frac{1}{2}} = \frac{\sqrt{2}}{2} \fallingdotseq 0.707$$

である．

同様に $y(n)$ の瞬時パワー $p_y(n)$ は

$p_y(n) = y^2(n) = [2^2\ 0\ (-2)^2\ 0\ 2^2\ 0\ (-2)^2\ 0] = [4\ 0\ 4\ 0\ 4\ 0\ 4\ 0]$

エネルギー E_y は

$$E_y = \sum_{n=0}^{7} p_y(n) = 4+0+4+0+4+0+4+0 = 16$$

平均パワー P_y は，$x(n)$ のデータ点数が 8 点なので

$$P_y = \frac{E_y}{N} = \frac{16}{8} = 2$$

である．実効値は，平均パワーより

$$A_y = \sqrt{P_y} = \sqrt{2} \fallingdotseq 1.41$$

である．

2 ヒストグラム

ディジタル信号の特徴を調べる際，標本値の分布状況を視覚的に認識するためのグラフとして**ヒストグラム**（histgram，度数分布図）が用いられる．このグラフは，標本値がとりうる区間を適当な小区間に分割し，各小区間に何個の標本点があるかを数え，グラフ化したものである．ここで，各小区間を階級またはビン（bin）と呼び，各ビンに入っている標本点の個数を度数という．

たとえば，次の標本値に対するヒストグラムを考えてみよう．

$$67, 91, 86, 59, 42, 53, 57, 50, 52, 55,$$
$$33, 58, 36, 63, 61, 41, 66, 71, 56, 82$$

ビンを10とし，31〜40，41〜50，…，91〜100に含まれる標本値の数を数え，まとめた結果を**表4・1**に示す．表4・1のように各ビンにおける度数をまとめた表を，**度数分布表**と呼ぶ．**図4・3(a)** はこれをもとに描いたヒストグラムである．図4・3(a)では，表4・1の結果から各区間の中央値を横軸のラベルとし，各区間での度数を棒グラフとして表示している．このようにヒストグラムでは，標本値

● 表4・1 度数分布表の例 ●

区　間	31〜40	41〜50	51〜60	61〜70	71〜80	81〜90	91〜100
度　数	2	3	7	4	1	2	1

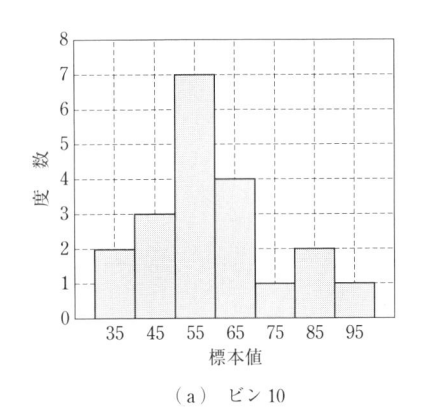

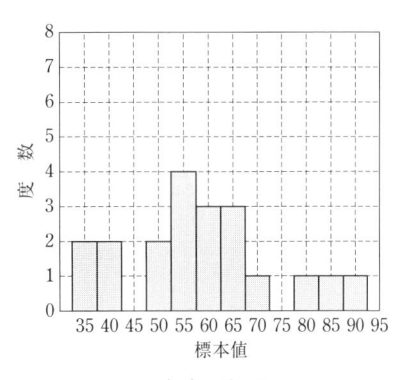

(a) ビン10

(b) ビン5

● 図4・3 ある標本値のヒストグラムの例 ●

4章 基本統計量の計算

がどの区間で最もよく現れるのかを可視化している．図4・3(b)は，同じデータに対してビンを5に短くした場合のヒストグラムである．このようにビンの選び方によって，ヒストグラムの形状が変化することに注意してほしい．

図4・1(a)，(b)に示した $x_1(n)$，$x_2(n)$ について，それぞれのヒストグラムを**図4・4**(a)，(b)に示す．図4・4(a)より，$x_1(n)$ は±0.7の区間で比較的ばらついた分布をしてることがわかる．一方で図4・4(b)より，$x_2(n)$ の分布は大きくマイナス側に偏ったやや単峰性の分布をしている．こうした例は，2種類のディジタル信号を比較する際に，平均値や標準偏差が近い値をとる場合でも，ヒストグラム上の分布形状が大きく異なる場合もあることを意味している（**図4・5**も同程度の平均値で分布形状が異なる例の一つである）．

次に図4・4のヒストグラムを使って，4章1節で述べた基本統計量が何を意味しているのか見ていこう．図4・4において，ヒストグラム上に点線で示した $x_1(n)$，$x_2(n)$ の平均値は，それぞれの分布のほぼ中心を示している．また，図4・4上に破線（---）で示した中央値も，平均値と同様に分布の中心位置を示す統計量である．この場合，中央値を境にヒストグラムのバーの面積の合計がほぼ等しくなる．さらに1点鎖線で示した標準偏差は，平均値を中心とした分布の広がり具合を表している．すなわち，標準偏差が大きいほど，ヒストグラムでみた標本

(a) $x_1(n)$ のヒストグラム (b) $x_2(n)$ のヒストグラム

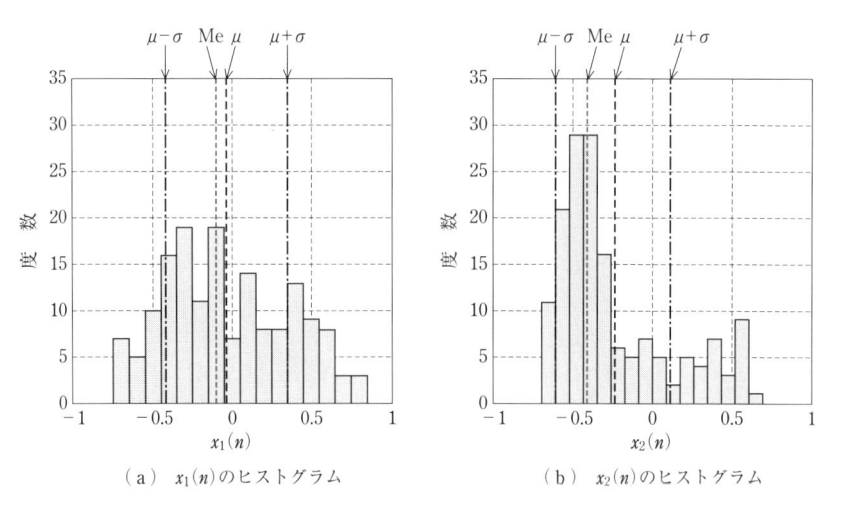

● **図4・4** 図4・1のディジタル信号のヒストグラム ●

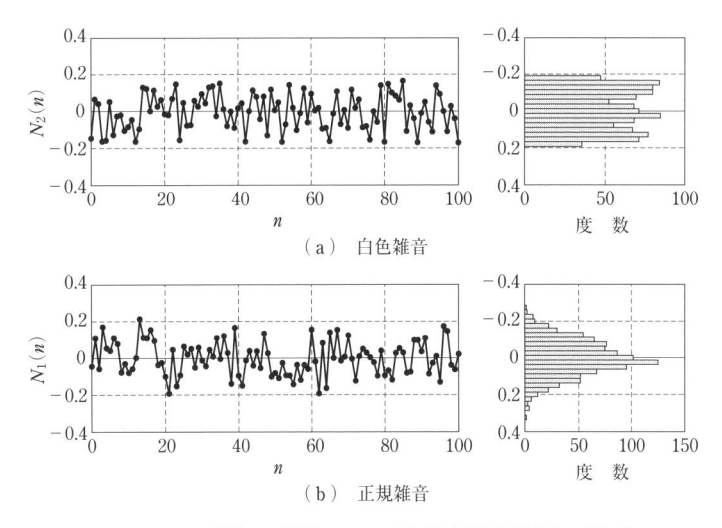

● 図 4・5　平均 0，分散 0.01 の白色雑音と正規雑音の例 ●

値の広がりは大きくなり，標準偏差が小さいほど狭くなることを示している．

3　雑音の性質

　不規則に変動する雑音成分の性質は，正弦波などの時間的に規則的な成分のように扱えないため，数学的には 4 章 1 節で述べた統計量を用いて表現する．たとえば，ある雑音成分は，図 **4・7** に示すように平均 μ_n，分散 σ_n^2 の母集団（雑音源）から無作為に抽出した標本を時間軸（または空間軸）に並べたものと考える．これら母集団の平均値と分散 μ_n, σ_n^2 をそれぞれ母平均，母分散と呼ぶ．

　2 章 1 節にて雑音は，いくつかの種類があり，時間的あるいは空間的に不規則に変動する雑音として，白色雑音を紹介した．雑音には，図 4・5（a）に示した**白色雑音**（**ホワイトノイズ**，white noise）以外に母集団（雑音源）の性質からいくつかの種類がある．そのなかで，図 4・5（b）に示した**正規雑音**（**ガウスノイズ**，Gaussian noise）がよく使用される．正規雑音は，その分布が図 4・5（b）右側でヒストグラム（信号値との対応がわかりやすいように，図 4・4 とは異なり横軸に度数をとって描いている）で示すように，**正規分布**（**ガウス分布**，normal distribution）に従う雑音である．一方で白色雑音は，その分布が図 4・5（a）右側に示すように**一様分布**（uniform distribution）にしたがう雑音である．

白色雑音は，周波数領域でみた場合も同様に，すべての周波数に渡って一様に標本値が分布していることから白色光になぞらえて白色雑音と呼ばれる．正規雑音は，白色雑音とは異なり周波数領域での分布も正規分布になることから，数学的に扱いやすく理論計算や数値実験などによく使用される．

〔1〕 **信号対雑音比**

2章にて述べたように，観測信号 $x(n)$ は信号成分 $S(n)$ と雑音成分 $N(n)$ の和で表すと式(2·1)の通り

$$x(n)=S(n)+N(n)$$

で表される．さて，信号成分 $S(n)$ に対して雑音成分 $N(n)$ がどの程度かを示す指標として，次の式で計算される**信号対雑音比**（SN比，SNR：signal to noise ratio）がよく使用されるので紹介しておく．

$$R_{SN}=\frac{P_S}{P_N}=\left(\frac{A_S}{A_N}\right)^2 \tag{4·9}$$

ここで，P_S，P_N は，それぞれ信号成分 $S(n)$ と雑音成分 $N(n)$ の平均パワーであり，A_S，A_N は，それぞれ $S(n)$ と $N(n)$ の実効値である．自然界の信号は，平均パワーが小さなものから大きいものまで多種存在する．そのため，通常SNRは，式(4·8)の右辺に対して常用対数（10を底にした対数）をとり

$$R_{SN}=20\log_{10}\left(\frac{A_S}{A_N}\right)=10\log_{10}\left(\frac{P_S}{P_N}\right) \text{〔dB〕} \tag{4·10}$$

で表す．このときの，SNRの単位はdB（デシベル）である．

[**例題 4·4**] 次の信号のSNR〔dB〕を求めよ．必要であれば $\log_{10}(2)≒0.30$，$\log_{10}(3)≒0.48$ を用いて計算せよ．
（1） 信号成分の実効値が $A_S=0.5$，雑音成分の実効値が $A_N=5$ の信号
（2） 信号成分の実効値が $A_S=4$，雑音成分の実効値が $A_N=0.2$ の信号
（3） 信号成分の平均パワーが $P_S=30$，雑音成分の平均パワーが $P_N=0.5$ の信号

【解】 式(4·10)を用いて計算する．

（1） $R_{SN}=20\log_{10}\left(\dfrac{0.5}{5}\right)=20\log_{10}(0.1)=20\log_{10}(10^{-1})=-20\text{ dB}$

（2） $R_{SN}=20\log_{10}\left(\dfrac{4}{0.2}\right)=20\log_{10}(20)=20\{\log_{10}(2)+\log_{10}(10)\}≒26\text{ dB}$

3 雑音の性質

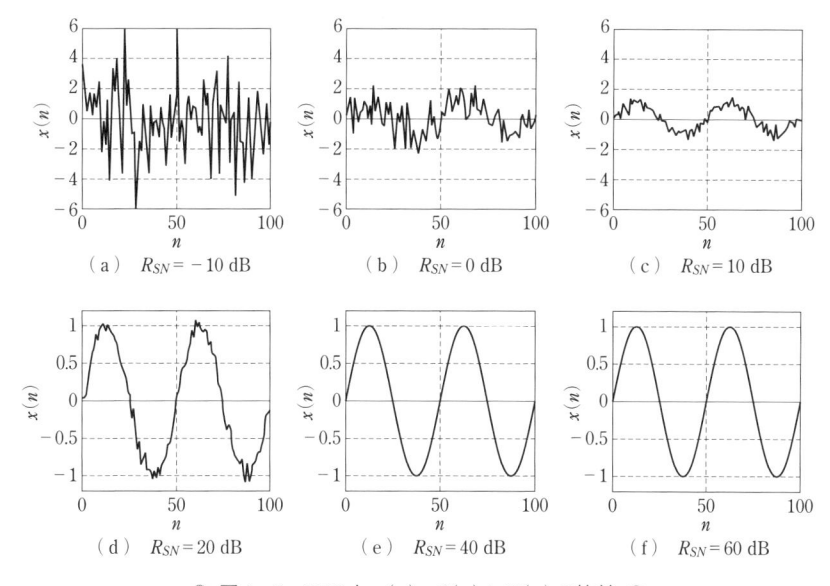

(a) $R_{SN} = -10$ dB
(b) $R_{SN} = 0$ dB
(c) $R_{SN} = 10$ dB
(d) $R_{SN} = 20$ dB
(e) $R_{SN} = 40$ dB
(f) $R_{SN} = 60$ dB

● 図 4・6　SNR と $x(n) = S(n) + N(n)$ の比較 ●

(3)　$R_{SN} = 10 \log_{10}\left(\dfrac{30}{0.5}\right) = 10 \log_{10}(6) = 10\{\log_{10}(3) + \log_{10}(2)\} \fallingdotseq 7.8$ dB

　SNR の大きさによってどの程度信号 $x(n)$ が変わるのかを試した例を**図 4・6**（a）～（f）に示す．これらの図では，わかりやすさのために図 4・1 などと異なり各標本点を直線で結んでいる．これらは，同じ正弦波状の信号成分 $S(n)$ に対して，SNR が -10～60 dB となる雑音成分 $N(n)$ を重畳したときの信号例である．

　さて，SNR がマイナスとなっている $x(n)$ は，例題 4・4（1）で計算したように信号成分よりも雑音成分の実効値が大きな条件である．たとえば SNR が -10 db の条件では，図 4・6（a）に示すように，どのような信号成分があるか全くわからない状況に相当する．SNR が高くなると，雑音成分が減少し，図 4・6（f）に示す SNR が 60 dB の場合は，ほぼ信号成分のみのように見える．

　音声信号で考えると，SNR が低い図 4・6（a）の信号は雑音が大きく，なんの音か聞こえない状態であり，SNR が高い図 4・6（f）の信号は，雑音のない澄んだ音色として聞こえることだろう．信号の質を保証する必要がある場合には SNR は高いほどよく，現在 DVD など市販の製品での音声信号や画像信号などは，SNR

が50〜60 dBの条件のものが一般的である．

〔2〕 中心極限定理

今，雑音源である母集団からM個の標本$n_1, n_2, \cdots, n_M$を無作為抽出した場合について考える．図4・7にこの操作の概念図を示す．雑音源の平均値はμ_nであり，分散はσ_n^2と仮定する．これらをそれぞれ母平均，母分散と呼ぶ．M個の標本を無作為抽出する操作は，信号源を観測し，信号値を得る操作に相当する．一回目の試行で抽出した標本を$n_{1,1}, n_{2,1}, \cdots, n_{M,1}$のように，添え字に1の文字を追加することで表す．したがって，k回目の試行では$n_{1,k}, n_{2,k}, \cdots, n_{M,k}$が得られたとする．

さて，この抽出したM個の標本の平均値（標本平均）は，式(4・1)より

$$\hat{\mu}_{n,k} = \frac{1}{M} \sum_{m=1}^{M} n_{m,k} \tag{4・11}$$

である．ここでkは試行回数であり，$\hat{\mu}_{n,k}$はk回目の試行における平均値を意味する．このようにして求める標本平均$\hat{\mu}_{n,k}$は，選んでくるM個の標本の値によって毎回微妙に異なることが予想される．すなわち標本を抽出（観測）したのち，標本平均$\hat{\mu}_{n,k}$を求める操作をN試行繰り返すことで得られる，N個の標本平均$\hat{\mu}_{n,1}, \hat{\mu}_{n,2}, \cdots, \hat{\mu}_{n,N}$は，どのような分布だろうか．元の信号源と同じ分布で，同じ平均値，同じ分散になるのだろうか．

このN試行分の標本平均$\hat{\mu}_{n,k}$の平均値$\bar{\mu}_n$と分散$\hat{\sigma}_n^2$は，式(4・1)，式(4・2)よ

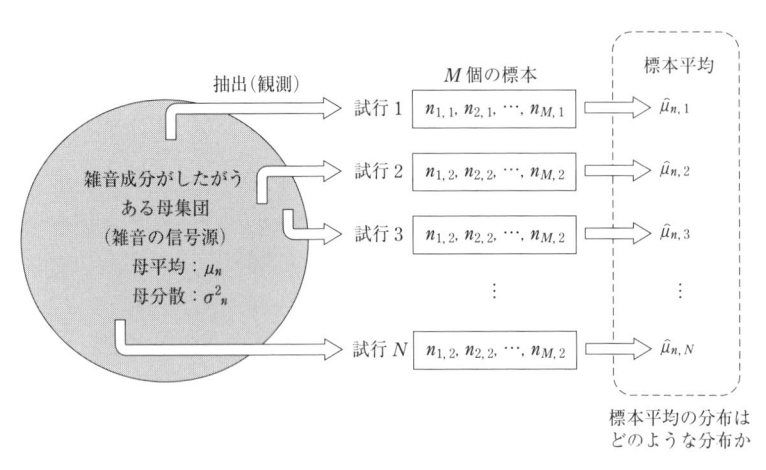

● 図4・7 標本の統計量の求め方 ●

り，次式によって求められる．

$$\hat{\mu}_n = \frac{1}{N} \sum_{k=1}^{N} \hat{\mu}_{n,k} \tag{4・12}$$

$$\hat{\sigma}_n^2 = \frac{1}{N-1} \sum_{k=1}^{N} (\hat{\mu}_{n,k} - \hat{\mu}_n)^2 \tag{4・13}$$

ここで，標本数 M が無限大に大きくなるとき，標本平均 $\hat{\mu}_{n,k}$ が従う分布は，平均 $\hat{\mu}_n$，分散 $\hat{\sigma}_n^2$ の正規分布となることが知られている．また，この標本平均の平均値 $\hat{\mu}_n$ と分散 $\hat{\sigma}_n^2$ には，母平均 μ_n，母分散 σ_n^2 との間に次の関係が成立する．

$$\hat{\mu}_n = \mu_n \tag{4・14}$$

$$\hat{\sigma}_n^2 = \frac{\sigma_n^2}{M} \tag{4・15}$$

このことは元の雑音源の母集団分布がどんな分布であっても成立する定理であり，これを**中心極限定理**（central limit theory）と呼ぶ．この定理は，標本数 M を増やすと標本平均は母平均 μ_n に収束し，その分散は 0 に近づくことを意味している．2 章にて述べた加算平均や移動平均は，雑音成分にみられるこの性質を利用して，雑音成分を除去する手法である．

まとめ

○信号の性質の差を定量的に表す特徴量として，不規則性が高い信号の場合は，平均値，中央値，分散，標準偏差などの統計量が用いられる．
○平均値は信号の直流成分を表し，分散や標準偏差は平均に対する信号値のばらつき具合を定量的に示している．
○信号強度を表す特徴量として，パワーと実効値が使用される．
○信号値の統計量や分布を可視化する手法の一つにヒストグラムが使用される．
○不規則に変動する雑音は，信号値の分布形状をもとに白色雑音や正規雑音に分類される．その違いは，平均値や分散などの統計量で比較される．
○信号に対する雑音の大きさを表す SNR は両者の平均パワーの比として定義される．

演習問題

問1 次のディジタル信号 $x(n)$ の（a）平均値，（b）分散（不偏分散），（c）標準偏差，（d）実効値を計算せよ．
$x(n) = $ [0.0 1.0 1.5 1.0 0.0]

問2 次の二つのディジタル信号 $x(n)$, $y(n)$ について，実効値と分散を比較せよ．
$x(n) = $ [2.0 1.8 1.2 1.0 1.2 1.8]
$y(n) = $ [0.75 0.0 0.75 0.0 0.75 0.0]

問3 あるディジタル信号 $x(n)$ に含まれる信号成分 $S(n)$ の電圧実効値 A_S と，雑音成分 $N(n)$ の電圧実効値 A_N が，（a）～（c）の場合について SNR〔dB〕を求めよ．ただし，必要であれば $\log_{10}(2) \fallingdotseq 0.3$, $\log_{10}(3) \fallingdotseq 0.48$ を用いて計算せよ．
（a） $A_S = 1.0$ V, $A_N = 0.10$ V
（b） $A_S = 5.0$ V, $A_N = 5.0$ V
（c） $A_S = 2.0$ V, $A_N = 4.0$ V

問4 SNR はオーディオ CD で約 90 dB といわれている．この場合，雑音電圧実効値〔V〕に対して信号電圧実効値〔V〕は何倍になっているか求めよ．

問5 次のディジタル信号 $x(n)$ の平均値を，式(4・1)にしたがって計算するプログラムを作成せよ．
$x(n) = $ [0.0 3.0 4.0 10・2.0 −1.0 0.0 10 −1.0 0.0]

問6 次のディジタル信号 $x(n)$ の（不偏）分散および標準偏差を，式(4・3)および式(4・5)にしたがって計算するプログラムを作成せよ．
$x(n) = $ [0.0 3.0 4.0 1.0 −2.0 −1.0 0.0 10 −1.0 0.0]

問7 次のディジタル信号 $x(n)$ から，直流成分を除去した信号 $y(n)$ を求めよ．また，同じグラフに $x(n)$ と $y(n)$ を図示し，その違いを比較せよ．
$x(n) = $ [2.0 2.7 3.0 2.7 2.0 1.3 1.0 1.3 2.0 2.7 3.0 2.7 2.0 1.3 1.0 1.3]

問8 次のディジタル信号 $x(n)$ の平均パワーと実効値を計算するプログラムを作成せよ．
$x(n) = $ [1 1 1 1 0 0 0 0]

問9 次のディジタル信号 $x(n)$ に対して以下のプログラムを作成せよ．
$x(n) = $ [9.0 10.5 10.6 10.4 11.1 11.3 9.7 9.8 10.3 10.0 9.8 10.5 10.2 9.6 9.9
10.2 10.6 8.3 9.9 8.7 9.8 10.3 7.9 9.9 10.8 10.1 10.1 11.9 8.5 9.1
10.2 9.8 9.7 11.4 9.7 8.8]
（a） $x(n)$ の標本値をヒストグラムで表示せよ．
（b） ビンとして，[8.0 8.5 9.0 9.5 10 10.5 11.0 11.5 12.0] を用いた場合の $x(n)$ のヒストグラムを表示せよ．

演 習 問 題

問10 次の(a),(b)の雑音信号を標本点 $N=64$ 点で発生させ,図 4・4 のように n に対してその信号を描いたグラフとヒストグラムを表示するプログラムを作成せよ.

(a) 区間 $[-1\ 1]$ の白色雑音

(b) 平均 1.0,分散 0.5 の正規雑音

5章
信号の相関解析

たとえば，$y(n)$ というディジタル信号が $x_1(n)$ と $x_2(n)$ という 2 種類のディジタル信号のうち，どちらに似ているのかを定量的に判断することはディジタルシステム制御などで必須の技術である．こうした複数種類のディジタル信号を比較する方法の一つに**相関解析**（correlation analysis）がある．これには，1 種類の信号のなかで別々の時刻間での類似性を比較する**自己相関関数**（auto-correlation function）と，2 種類以上の信号間の関係性を比較する**相互相関関数**（cross-correlation function）や**相関係数**（correlation coefficient）などがある．本章では，こうしたディジタル信号の相関解析について解説し，これらを利用した基本的な信号処理手法について学習する．

1 自己相関関数による周期性の検出

図 5・1 に示す信号 $x(n)$ において，最初の信号成分（図 5・1(a) 矢印 A）と次の信号成分（図 5・1(a) 矢印 B）が，どの程度類似しているかを求めたい．二つの信号成分は，$x(n)$ を m だけずらした信号 $x(n+m)$（図 5・1(b)）と元の信号

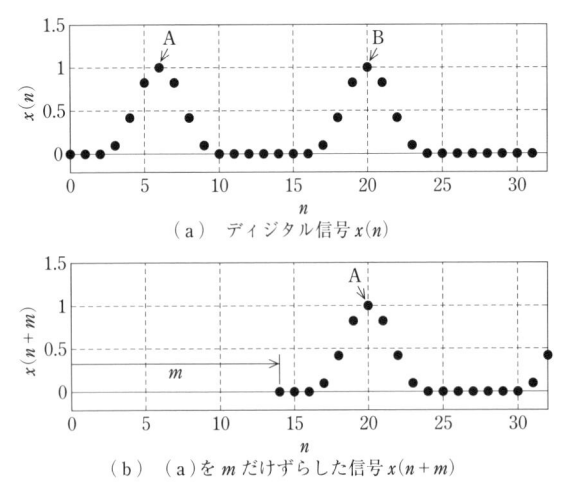

● 図 5・1　$x(n)$ 中の別の時刻に現れた 2 種類の信号成分の比較 ●

$x(n)$（図5・1（a））を比較することで，類似性を評価できる．今，この二つの信号の類似度 R は，両者の積信号の平均値で定義することにしよう．すなわち

$$R = \frac{1}{N} \sum_{n=0}^{N-1} x(n) \cdot x(n+m)$$

ここで，N は信号 $x(n)$ の長さである．このような考えのもと，時刻ずれ（**時間差**）m を $x(n)$ のすべての時点，すなわち $[0\ N-1]$ の範囲で計算したものが，次式で表される自己相関関数 $R_{xx}(m)$ である．

$$R_{xx}(m) = \frac{1}{N-|m|} \sum_{n=0}^{N-1} x(n) \cdot x(n+m) \tag{5・1}$$

ここで，m はさきほど述べたように，$x(n)$ と $x(n+m)$ のずれを標本点数で示した時間差であり，m と標本化間隔 T 〔s〕の積を求めることで $x(n)$ と $x(n+m)$ の間の，実際の時間差 τ 〔s〕が導きだされる．また，自己相関関数は，5章1節〔2〕にて述べるように偶関数のため，$0 \leq m \leq N-1$ の条件のみを計算すればよい．

さて，自己相関関数 $R_{xx}(m)$ は，$x(n)$ とそれを時間差 m だけずらした $x(n+m)$ の類似度を示している．したがって，$R_{xx}(m)$ が正の場合，値が大きいほどお互いに類似度が高い．一方で，$R_{xx}(m)$ が負の場合は，$-x(n)$ すなわち正負が反転した $x(n)$ に対して $x(n+m)$ との類似度が高いことを示している．さらに 0 に近いほどお互いの差が大きく，0 の場合は全く似ていないことを意味する．

さて，自己相関関数を求める前に，式(4・1)による直流成分（平均値）μ_x をあらかじめ引いた

$$C_{xx}(m) = \frac{1}{N-|m|} \sum_{n=0}^{N-1} \{x(n) - \mu_x\} \cdot \{x(n+m) - \mu_x\} \tag{5・2}$$

も実際の信号処理によく使用される．これを，**自己共分散関数**（auto-covariance function）という．この自己共分散関数と自己相関関数の関係について詳しくは5章1節〔2〕にて述べる．

自己相関関数は，次節にて述べる性質から $x(n)$ の周期性の評価に使用される．たとえば**図 5・2**(b)は，周期が $M=20$ の正弦波信号 $x_1(n)$（図5・2(a)）に対して自己相関関数を求めた結果である．自己相関関数も元の信号 $x_1(n)$ と同様に $M=20$ の周期を示す．図5・2(d)は，正弦波状でない周期信号 $x_2(n)$（図5・2

(a) 周期 $M=20$ の正弦波信号 　　(b) (a)の自己相関関数

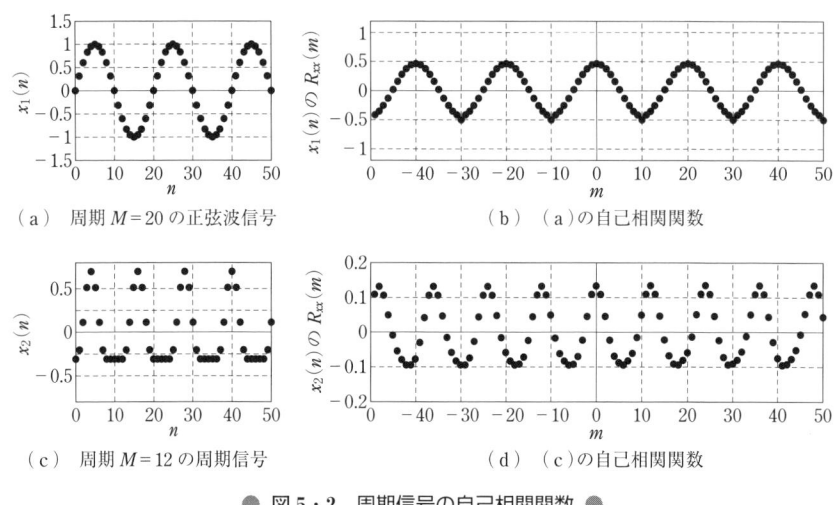

(c) 周期 $M=12$ の周期信号 　　(d) (c)の自己相関関数

● 図 5・2　周期信号の自己相関関数 ●

(a) 雑音を含んだ正弦波信号 　　(b) (a)の自己相関関数

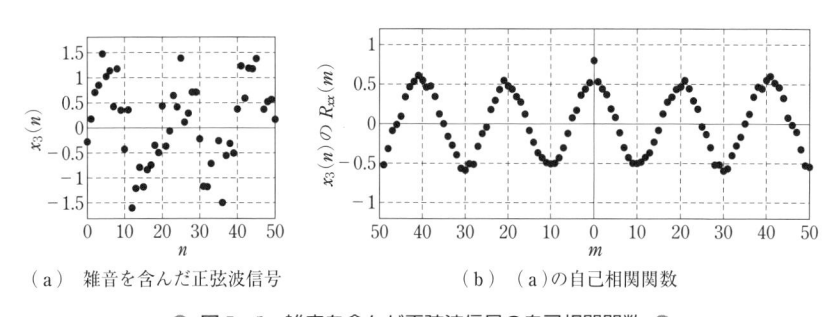

● 図 5・3　雑音を含んだ正弦波信号の自己相関関数 ●

(c))の自己相関関数である．この場合も同様に自己相関関数に周期性が表れている．図 5・3 に示すように，雑音が重畳した信号の場合も同様の効果が得られる．最初のピークに到達する時点（図 5・3 では $m=20$) が，この信号の周期である．特にこのような場合，周期性の判断には，図 5・3(a)に示す信号を直接評価するよりも，図 5・3(b)に示す自己相関関数を見たほうが効果的であることがわかるだろう．

〔1〕 **自己相関関数の求め方**

自己相関関数は，前述のように $x(n)$ と，時間差 m だけ遅れた信号 $x(n+m)$ との類似度を両者の積信号の平均値で示したものである．図 5・4 にその求め方の

1 自己相関関数による周期性の検出

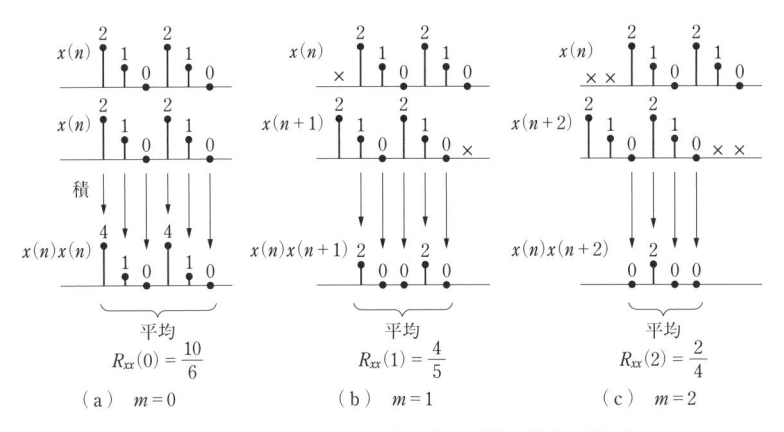

● 図 5・4 式(5・1)による自己相関関数の計算原理 ●

概略図を示す．計算過程を理解するために，m を1ずつ増やしながら見ていこう．$m=0$ の場合（図5・4(a)），式(5・2)は

$$R_{xx}(0) = \frac{1}{N}\sum_{n=0}^{N-1} x(n) \cdot x(n)$$

である．これはすべての時刻 n について $x^2(n)$ を計算し，その平均を求めており，平均パワーに等しい（4章1節〔1〕参照）．次に，$m=1$ の場合（図5・4(b)），式(5・2)は

$$R_{xx}(1) = \frac{1}{N-1}\sum_{n=0}^{N-1} x(n) \cdot x(n+1)$$

であり $x(n)$ と $x(n+1)$ の積を計算する．ただし，両者とも標本点が定義されている時点，すなわち $n+1$ から $n+N-1$ まで計算しており，平均もその点数 $N-1$ で計算する．以下，$m=2,3,4,...,N-1$ まで同様の計算（図5・4(c)は $m=2$ の場合の概略図）を繰り返す．また，$m<0$ の自己相関関数 $R_{xx}(m)$ は，次項にて述べる自己相関関数が偶関数である性質を利用すれば，あらためて計算する必要はない．

[例題 5・1] 次のディジタル信号 $x(n)$ と $y(n)$ の自己相関関数をそれぞれ計算せよ．ただし，標本点以外での信号の周期性を仮定しなくてよい．

$x(n)=[1\ -1\ 1\ -1]$, $y(n)=[0\ 1\ 0\ 1\ 0\ 0]$

【解】 $x(n)$ の自己相関関数 $R_{xx}(m)$ は，標本点数 $N=4$ より

$$R_{xx}(0)=\frac{1}{4-0}\sum_{n=0}^{4-1}x(n)\cdot x(n+0)=\frac{1}{4}\{x^2(0)+x^2(1)+x^2(2)+x^2(3)\}=1$$

$$R_{xx}(1)=\frac{1}{4-1}\sum_{n=0}^{4-1}x(n)\cdot x(n+1)$$

$$=\frac{1}{3}\{x(0)\cdot x(1)+x(1)\cdot x(2)+x(2)\cdot x(3)+x(3)\cdot x(4)\}$$

ここで，$x(4)$ は標本値がないので，計算から省くと

$$R_{xx}(1)=\frac{1}{3}\{x(0)\cdot x(1)+x(1)\cdot x(2)+x(2)\cdot x(3)\}$$

$$=\frac{1}{3}\{1\times(-1)+(-1)\times 1+1\times(-1)\}=-1$$

以下，同様に標本値がない場合は計算から省き，$R_{xx}(2)$，$R_{xx}(3)$ を計算する．

$$R_{xx}(2)=\frac{1}{4-2}\sum_{n=0}^{4-1}x(n)\cdot x(n+2)=\frac{1}{2}\{x(0)\cdot x(2)+x(1)\cdot x(3)\}=1$$

$$R_{xx}(3)=\frac{1}{4-3}\sum_{n=0}^{4-1}x(n)\cdot x(n+3)=x(0)\cdot x(3)=-1$$

$R_{xx}(-m)=R_{xx}(m)$（5章1節〔2〕参照）より，$m<0$ の場合の自己相関関数は

$R_{xx}(-1)=R_{xx}(1)=-1$，$R_{xx}(-2)=R_{xx}(2)=1$，$R_{xx}(-3)=R_{xx}(3)=-1$

∴ $R_{xx}(m)=[-1\ 1\ -1\ 1\ -1\ 1\ -1]$，ただし，$m=-3,-2,-1,0,1,2,3$．

同様の方法で $y(n)$ の自己相関関数 $R_{yy}(m)$ は，標本点数 $N=6$ より

$$R_{yy}(0)=\frac{1}{6-0}\sum_{n=0}^{6-1}y(n)\cdot y(n+0)=\frac{1}{3}$$

$$\vdots$$

$$R_{yy}(5)=\frac{1}{6-5}\sum_{n=0}^{6-1}y(n)\cdot y(n+5)=0$$

また，$R_{yy}(-m)=R_{yy}(m)$ より

∴ $R_{yy}(m)=\left[0\ 0\ 0\ \frac{1}{4}\ 0\ \frac{1}{3}\ 0\ \frac{1}{4}\ 0\ 0\ 0\right]$，ただし，$m=-5,-4,...,5$．

1 自己相関関数による周期性の検出

相関関数の周期性

自己相関関数 $R_{xx}(m)$ の計算において

$$R_{xx}(m) = \frac{1}{N-|m|} \sum_{n=0}^{N-1} x(n) \cdot x(n+m) \tag{5・1}$$

の代わりに，$x(n)$ が $n > N$ で周期的に繰り返すことを暗に仮定した

$$R_{xx}(m) = \frac{1}{N} \sum_{n=0}^{N-1} x(n) \cdot x(n+m) \tag{5・1′}$$

も用いられる．

図5・5に図5・4と同じ問題について式(5・1′)を使って自己相関関数求める場合の求め方の概略図を示す．この場合，図5・4で標本点が存在せず計算しなかったところを，$x(n)$ の周期性を仮定して，計算していることに注意してほしい（図5・5（b），（c））．この $x(n)$ が $n > N$ や $n < 0$ など標本点が存在しない範囲では周期的に繰り返すという仮定は，5章1節〔2〕にて述べるように自己相関関数が離散フーリエ変換（6章参照）と強く関係していることに由来する．

自己相関関数 $R_{xx}(m)$ だけでなく，5章1節で述べた自己共分散関数 $C_{xx}(m)$，また，5章2節にて述べる相互相関関数 $R_{xy}(m)$ や相互共分散関数 $C_{xy}(m)$ についても同様に $x(n)$ および $y(n)$ の周期性を仮定するとき，次式が用いられる．

$$C_{xx}(m) = \frac{1}{N} \sum_{n=0}^{N-1} \{x(n) - \mu_x\} \cdot \{x(n+m) - \mu_x\} \tag{5・2′}$$

$$R_{xy}(m) = \frac{1}{N} \sum_{n=0}^{N-1} x(n) \cdot y(n+m) \tag{5・12′}$$

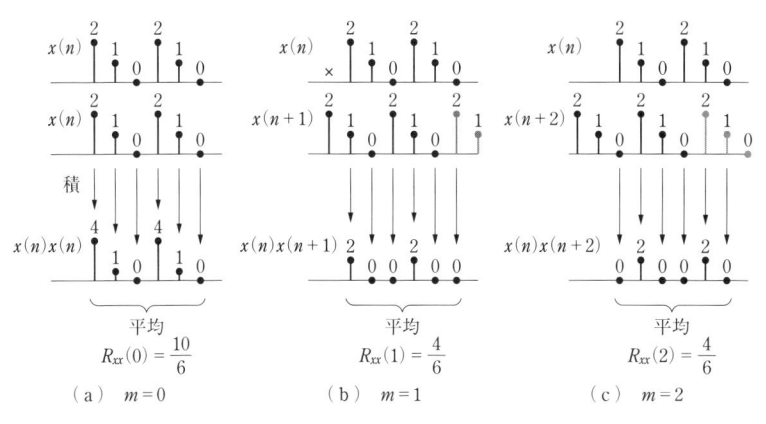

● 図5・5　式(5・1′)による自己相関関数の計算原理 ●

$$C_{xy}(m) = \frac{1}{N}\sum_{n=0}^{N-1}\{x(n)-\mu_x\}\cdot\{y(n+m)-\mu_y\} \tag{5・16'}$$

〔2〕 自己相関関数の性質

① 周期性の検出

$$x(n)=x(n+M) \text{ のとき } R_{xx}(m)=R_{xx}(m+M) \tag{5・3}$$

$x(n)$ に周期 M の信号が含まれていると，m が周期 M 分ずれたところで，$x(n)$ と $x(n+m)$ の類似性が大きくなり，それ以外の m では小さくなる．これを利用して周期性を検出できる．

② $m=0$ のとき平均パワー P_x（4章1節〔1〕参照）と一致する

$$R_{xx}(0) = \frac{1}{N}\sum_{n=0}^{N-1}x^2(n) = P_x \tag{5・4}$$

③ 偶関数である

$$R_{xx}(m) = R_{xx}(-m) \tag{5・5}$$

これは，$m \geq 0$ の条件のみを計算すればよいことや，自己相関関数が元の関数 $x(t)$ の位相成分を含まないことを意味している．

④ 自己相関関数は，時間差 $m=0$ で最大値をとる．

$$R_{xx}(0) \geq R_{xx}(m) \tag{5・6}$$

⑤ 関数 $x(n)$ の平均値 μ_x は

$$\mu_x = \sqrt{R_{xx}(\infty)} \tag{5・7}$$

となる．この関係は，関数 $x(n)$ が非周期信号の場合，時間差 m を大きくしていくと，その自己相関関数は平均値の平方根に近づくことを意味する．

⑥ $x(n)$ の平均値が $\mu_x=0$ の場合，自己相関関数と自己共分散関数は等しくなる．したがって，自己共分散関数は，自己相関関数と同様の性質を示す．

自己共分散関数は

$$C_{xx}(0) = \frac{1}{N}\sum_{n=0}^{N-1}\{x(n)-\mu_x\}^2 = \sigma_x^2 \tag{5・8}$$

より，$m=0$ での値は，分散 σ_x^2（4章1節参照）に一致する．式(5・6)より，σ_x^2 が自己共分散関数の最大値であるため，この値で正規化すると，[−1 1] の値をとる係数

1 自己相関関数による周期性の検出

$$\rho_{xx}(m) = \frac{C_{xx}(m)}{\sigma_x^2} = \frac{C_{xx}(m)}{C_{xx}(0)} \tag{5・9}$$

が得られる（このような過程を**規格化**という）．この $\rho_{xx}(m)$ を**自己相関係数** (auto-correlation coefficient) という．

⑦ $x(n)$ の離散フーリエ変換を $X(k)$ とする．すなわち，$X(k) = \mathrm{DFT}[x(n)]$ であるとき，$x(n)$ の自己相関関数 $R_{xx}(m)$ の離散フーリエ変換は，その信号のパワースペクトルに等しく，次の関係が成立する．

$$\mathrm{DFT}[R_{xx}(m)] = \frac{1}{N}|X(k)|^2 \tag{5・10}$$

また，その逆も成立し，$x(n)$ のパワースペクトルの離散フーリエ逆変換は，自己相関関数に等しくなる．

$$R_{xx}(m) = \frac{1}{N}\mathrm{IDFT}[|X(k)|^2] \tag{5・11}$$

これらの式で，$\mathrm{DFT}[\cdot]$ は離散フーリエ変換を，$\mathrm{IDFT}[\cdot]$ は離散フーリエ逆変換を意味する（6章参照）．これらの関係は，**ウィナー・ヒンチンの定理**（Wiener-Khintchin's theorem）と呼ばれ，相関関数とフーリエ変換を関係づける重要な定理である．

図 5・6 に，周期性が見られる信号 $x(n)$（図 5・6 (a)）の自己相関関数 $R_{xx}(m)$（図 5・6 (b)）と自己共分散関数 $C_{xx}(m)$（図 5・6 (c)）を示す．図 5・6 (b) に示す自己相関関数は，$m=0$ で最大値（性質④）をとり，$m=0$ の値は $x(n)$ の平均パワー P_x に等しい（性質②）．また，偶関数（$m=0$ を軸に左右対称）であり（性質③），その平均値は，μ_x^2 に等しくなる（性質⑤）．図 5・6 (c) に示す自己共分散関数 $C_{xx}(m)$ も，平均値を引いた信号の自己相関関数である（式(5・2)）ため，

(a) ある音声信号 $x(n)$　　(b) (a)の自己相関関数　　(c) (a)自己共分散関数

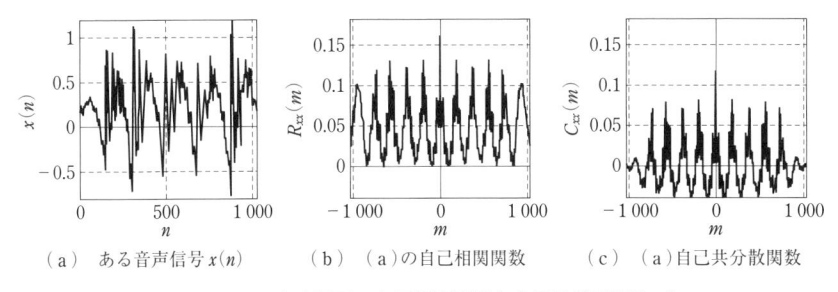

● **図 5・6　音声信号の自己相関関数と自己共分散関数** ●

$C_{xx}(m)$ の平均値が 0 になること以外は，自己相関関数と同様の性質を示す（性質⑥）．実用的には，自己共分散関数を自己相関関数として使用する場合も多い．

2 相互相関関数と遅れ時間の検出

2個の信号の時間的あるいは空間的なずれ（時間差，位相差）を検出することは，非常に重要な信号処理の一つである．たとえば，スピーカから流れる音声を，離れた2か所に置いたマイクロフォンから記録したとしよう．それぞれのマイクロフォンからの出力信号の時間的なずれは，それぞれのマイクロフォンとスピーカの距離が反映されており，スピーカの位置を決める重要な情報になる．また，同様に2か所の離れた位置のカメラから撮影された物体画像のズレには，カメラとその物体までの距離の情報が含まれている．

相互相関関数は，このような2種類の信号の類似性や，その信号同士の時間差を定量化するために用いられる．ディジタル信号 $x(n)$ と $y(n)$ に対する相互相関関数 $R_{xy}(m)$ は，自己相関関数の計算式である式(5・1)の $x(n+m)$ を $y(n+m)$ に置き換えた次式で計算される．すなわち

$$R_{xy}(m) = \frac{1}{N-|m|} \sum_{n=0}^{N-1} x(n) \cdot y(n+m) \tag{5・12}$$

である．ここで，N は，$x(n)$，$y(n)$ の標本数，m は自己相関関数の場合と同様に，$x(n)$ と $y(n+m)$ の時間差を標本点数で示したものである．ただし相互相関関数は，自己相関関数と異なり偶関数でないため，$-N+1 \leq m \leq N-1$ の範囲で関数値 $R_{xy}(m)$ を計算する必要がある．

$R_{xy}(m)$ の値は，自己相関関数の場合（5章1節）と同様に，$x(n)$ と $y(n)$ の類似度を表している．すなわち $R_{xy}(m)=0$ に近いほど類似度が低く，$R_{xy}(m)>0$ ではその値が大きいほど類似度が高い．また，$R_{xy}(m)<0$ の場合は，$-x(n)$ と $y(n+m)$ の間で類似度が高いことを意味している．

相互相関関数の例として，図 **5・7**（ c ）に，$x(n)$（図 5・7（ a ））と $y(n)$（図 5・7（ b ））の相互相関関数 $R_{xy}(m)$ を示す．図 5・7（ c ）から，$R_{xy}(m)$ が $m=5$ と $m=25$ の時点でピーク値をとっている．これは，$x(n)$ と類似した信号成分が $y(n+5)$ と $y(n+25)$ の時点に出現したことを意味している．図 **5・8** は，図 5・7（ b ）に示した $y(n)$ に雑音成分を重畳した条件（図 5・8（ b ））で，$R_{xy}(m)$ を求め

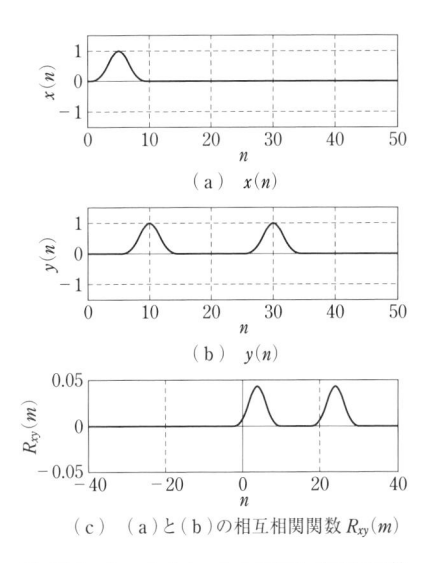

2 相互相関関数と遅れ時間の検出

(a) $x(n)$

(b) $y(n)$

(c) (a)と(b)の相互相関関数 $R_{xy}(m)$

● 図5・7 $x(n)$ と $y(n)$ の相互相関関数 $R_{xy}(m)$ ●

(a) $x(n)$

(b) $y(n)$ + 雑音成分

(c) (a)と(b)の相互相関関数 $R_{xy}(m)$

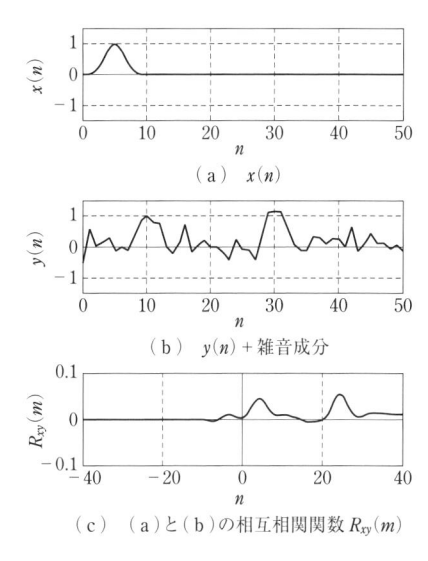

● 図5・8 図5・7の $y(n)$ に雑音が重畳している場合 ●

た結果である．図5・8(c)と図5・7(c)に示したそれぞれの $R_{xy}(m)$ を比較すると，$R_{xy}(m)$ から読みとれるピーク値の時点は，どちらもほぼ同じである．このように，雑音がある状態でも相互相関関数によって $y(n)$ 上に現れる $x(n)$ の遅れ時間を検出できる．

[**例題5・2**] 次のディジタル信号 $x(n)$，$y(n)$ の相互相関関数を，標本点以外での信号の周期性を仮定せず計算せよ．
(a) $x(n) = [0\ 1\ 0\ 0]$，$y(n) = [0\ 0\ 1\ 0]$，ただし，$n = 0, 1, 2, 3$．
(b) $x(n) = [0\ 1\ -1]$，$y(n) = [1\ -1\ 1]$，ただし，$n = 0, 1, 2$．

【解】 (a) $x(n)$，$y(n)$ の相互相関関数 $R_{xy}(m)$ は，標本点数 $N=4$ より，

$$R_{xy}(0) = \frac{1}{4-0} \sum_{n=0}^{4-1} x(n) \cdot y(n+0)$$

$$= \frac{1}{4} \{x(0)y(0) + x(1)y(1) + x(2)y(2) + x(3)y(3)\} = 0$$

$$R_{xy}(1) = \frac{1}{4-1} \sum_{n=0}^{4-1} x(n) \cdot y(n+1) = \frac{1}{3} \{x(0)y(1) + x(1)y(2) + x(2)y(3)\} = \frac{1}{3}$$

71

$$\vdots$$

$$R_{xy}(-1) = \frac{1}{4-1}\sum_{n=0}^{4-1} x(n)\cdot y(n-1) = \frac{1}{3}\{x(1)y(0)+x(2)y(1)+x(3)y(2)\} = 0$$

$$\vdots$$

$$\therefore R_{xy}(m) = \begin{bmatrix} 0 & 0 & 0 & \frac{1}{3} & 0 & 0 \end{bmatrix}, \quad ただし, m = -3, -2, ..., 2, 3.$$

(b) $x(n) = [0\ 1\ -1]$, $y(n) = [1\ -1\ 1]$ の相互相関関数 $R_{xy}(m)$ は,標本点数 $N = 3$ より

$$R_{xy}(0) = \frac{1}{3-0}\sum_{n=0}^{3-1} x(n)\cdot y(n+0) = \frac{1}{3}\{x(0)y(0)+x(1)y(1)+x(2)y(2)\} = -\frac{2}{3}$$

$$R_{xy}(1) = \frac{1}{3-1}\sum_{n=0}^{3-1} x(n)\cdot y(n+1) = \frac{1}{2}\{x(0)y(1)+x(1)y(2)\} = \frac{1}{2}$$

$$\vdots$$

$$\therefore R_{xy}(m) = \begin{bmatrix} -1 & 1 & -\frac{2}{3} & \frac{1}{2} & 0 \end{bmatrix}, \quad ただし, m = -2, -1, 0, 1, 2.$$

〔1〕 **相互相関関数の性質**

以下に相互相関関数の主な性質をあげる.

① $x(n)$ と $y(n)$ を入れ替えると相互相関関数は m 軸上で反転する.

$$R_{xy}(m) = R_{yx}(-m) \tag{5・13}$$

② 相互相関関数は,時間差 $m=0$ でのそれぞれの信号の自己相関関数 $R_{xx}(0)$, $R_{yy}(0)$ の積の平方根が最大値となる.

$$|R_{xy}(m)| \leq \sqrt{R_{xx}(0)R_{yy}(0)} \tag{5・14}$$

③ $x(n)$ の自己相関関数のフーリエ変換が,$x(n)$ のパワースペクトルだったように(5章1節〔2〕性質⑥),相互相関関数のフーリエ変換は,$x(n)$ と $y(n)$ のクロススペクトルに等しく次の関係が成立する.

$$\mathrm{DFT}[R_{xy}(m)] = \frac{1}{N}X^*(k)\cdot Y(k) \tag{5・15}$$

ここで,DFT[・] は離散フーリエ変換であり,$X(k)$ と $Y(k)$ はそれぞれ $x(n)$ と $y(n)$ の離散フーリエ変換であり,$X^*(k)$ は $X(k)$ の複素共役である(6章参照).また式(5・15)の逆も成立し,$x(n)$ と $y(n)$ のクロススペクトルの離散フー

リエ逆変換は，相互相関関数に等しい．

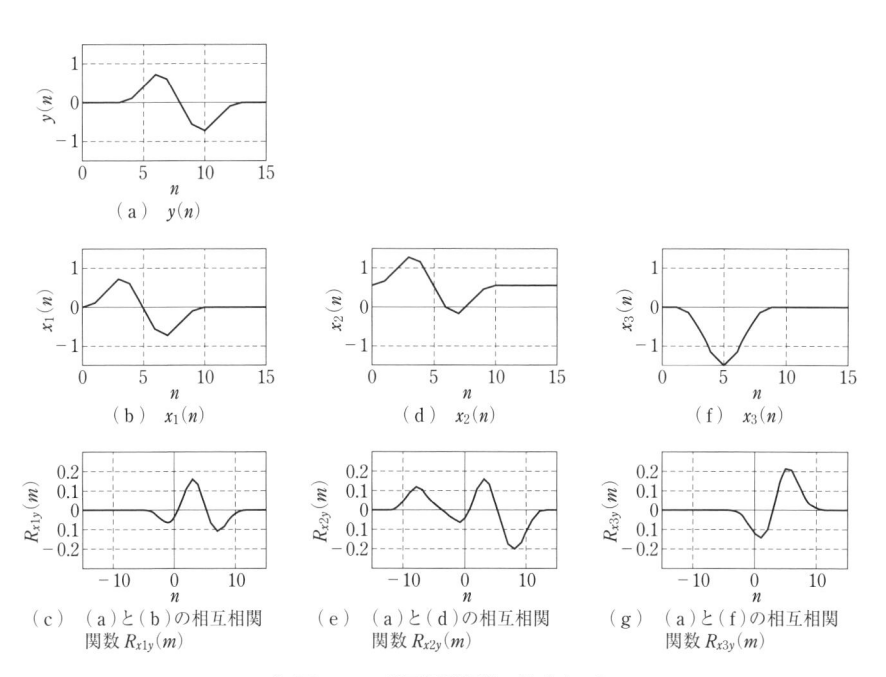

〔2〕 相互相関関数の注意点

相互相関関数は，前述のように$x(n)$と$y(n+m)$という2種類の信号の積信号の平均値を計算していることに相当する．このため，利用する際にはいくつか注意する点がある．

一つ目は，相互相関関数は，直流成分の大きさに影響を受けるという点である．**図5・9**に直流成分の有無で相互相関関数が変わる例を示した．図5・9(c)は，直流成分なしの条件での$x_1(n)$（図5・9(b)）と$y(n)$（図5・9(a)）の相互相関関数であり，図5・9(e)は，$x_2(n)=x_1(n)+0.5$（図5・9(d)）と$y(n)$の相互相関関数である．図5・9(e)より，直流成分のため図5・9(c)には見られない$m<0$の条件でのピークが現れている．このことは，直流成分によって相互相関関数が変化し，場合によっては2種類の信号の時間差の検出にまで影響を及ぼすことを示している．

これを避けるため，$x(n)$と$y(n)$それぞれどちらも直流成分（平均値）を除去

(a) $y(n)$

(b) $x_1(n)$　　　(d) $x_2(n)$　　　(f) $x_3(n)$

(c) (a)と(b)の相互相関関数 $R_{x1y}(m)$

(e) (a)と(d)の相互相関関数 $R_{x2y}(m)$

(g) (a)と(f)の相互相関関数 $R_{x3y}(m)$

● 図5・9　相互相関関数の注意点 ●

した後に，相互相関関数を求めることが必要である．これは，次式の**相互共分散関数**（cross-covariance function）$C_{xy}(m)$ を計算することに等しい．

$$C_{xy}(m) = \frac{1}{N-|m|} \sum_{n=0}^{N-1} \{x(n) - \mu_x\} \cdot \{y(n+m) - \mu_y\} \quad (5 \cdot 16)$$

ここで μ_x, μ_y は，それぞれ $x(n)$, $y(n)$ の直流成分（平均値）である．

二つ目の注意点は，相互相関関数は，元の信号のパワーが大きくなるほど相互相関関数の値も大きくなるという点である．図 5・9 において，$x_1(n)$（図 5・9（b））と $x_3(n)$（図 5・9（f））では，どちらが $y(n)$（図 5・9（a））により類似しているだろうか．目で比較すると，明らかに $x_1(n)$（図 5・9（b））である．ところが $x_1(n)$ と $y(n)$ の相互相関関数（図 5・9（c））と，$x_3(n)$ と $y(n)$ の相互相関関数（図 5・9（g））では，後者のピーク値のほうが大きい．この結果から，相互相関関数値の大きいほうが類似度が高いとして，$x_3(n)$ を選択するのは誤りである．このように，相互相関関数どうしの比較の際には，元の信号のパワーが問題になる．そこでこうした問題には，次節にて述べる相関係数が使用される．

❸ 相関係数による 2 信号間の類似度評価

前節にて述べたように，相互相関関数は，$x(n)$ と $y(n+m)$ の 2 種類の信号について，時間差 m を変えたとき，どの時点で最も類似度が高いかを定量的に評価するには有効な手法である．一方で 5 章 2 節〔2〕にて述べたように，元信号のパワーが大きいほど相互相関関数が大きくなる性質があるため，複数の相互相関関数の大小を比較して類似性を述べるのには向いていない．すなわち，たとえば**図 5・10** に示したように，$y(n)$（図 5・10（b），（e））に対して $x_1(n)$（図 5・10（a））と $x_2(n)$（図 5・10（d））のどちらがより似ているかを求めるためには，相互相関関数は使用できない．

このように 2 種類の信号成分が，どの程度似ているかを定量的に比較するためには，相互相関関数を元信号のパワーで正規化した**相互相関係数**（cross-correlation coefficient）が用いられる．これは，式 (5・16) で定義した相互共分散関数 $C_{xy}(m)$ を用いて次式で求められる．

$$\rho_{xy}(m) = \frac{C_{xy}(m)}{\sigma_x \sigma_y} \quad (5 \cdot 17)$$

3 相関係数による2信号間の類似度評価

（a） $x_1(n)$

（d） $x_2(n)$

（b） $y(n)$

（e） $y(n)$

（c） （a）と（b）の相関係数 $\rho_{x_1y}(m)$

（f） （d）と（e）の相関係数 $\rho_{x_2y}(m)$

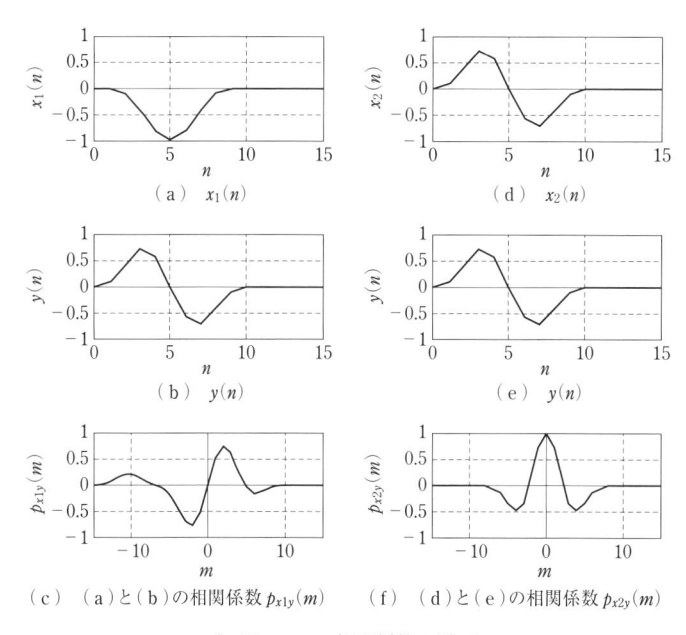

● 図5・10　相関係数の例 ●

ここで，σ_x，σ_y は，それぞれ $x(n)$，$y(n)$ の標準偏差である．信号のパワー（実効値）と標準偏差の関係は4章1節〔1〕を参照せよ．また，相互共分散関数 $C_{xy}(m)$ は，相互相関関数の性質式(5・14)より

$$|C_{xy}(m)| \leqq \sqrt{C_{xx}(0)C_{yy}(0)} \tag{5・18}$$

が成立する．ここで，式(5・5)から

$$C_{xx}(0) = \sigma_x^2 \tag{5・19}$$

$$C_{yy}(0) = \sigma_y^2 \tag{5・20}$$

の関係が導き出される．これらより式(5・17)は

$$\rho_{xy}(m) = \frac{C_{xy}(m)}{\sqrt{C_{xx}(0)C_{yy}(0)}} \tag{5・21}$$

と書き直せる．この関係は，相互相関関数 $\rho_{xy}(m)$ が相互共分散関数 $C_{xy}(m)$ を $x(n)$，$y(n)$ それぞれの自己共分散関数の最大値 $\sqrt{C_{xx}(0)}$ と $\sqrt{C_{yy}(0)}$ を用いて規格化したものであることを示している．

さて，このようにして求められる相互相関係数 $\rho_{xy}(m)$ は $[-1\ 1]$ の値をとる．その値から $x(n)$ と $y(n)$ の関係を次のように呼ぶ．

75

① $\rho_{xy}(m)=0$：互いに**無相関**（decorrelation）
実際の信号では，完全に0になる場合はほとんどないため，0に近い値の場合，無相関と考える．
② $\rho_{xy}(m)>0$：互いに**相関**（correlation）がある．
1に近いほど相関（類似性）が高い．
③ $\rho_{xy}(m)<0$：互いに**逆相関**（inverse correlation）がある

ディジタル信号の場合，互いに逆相関の信号とは正負が逆転した信号であり，-1に近いほど正負を逆転させた信号との相関（類似性）が高いことを示している．以上から相互相関係数のことを，ただ単に**相関係数**と呼ぶ場合も多い．

図5・10は，相関係数の例を図5・10（c），（f）に示している．図5・10（c）は図5・10（a）と（b）の相関係数である．この場合，相関係数は$m=0$のとき，つまり両者を時間差なしで比較した際の相関係数$\rho_{x_1y}(0)$がほぼ0である．したがって，$x_1(n)$（図5・10（a））と$y(n)$（図5・10（b））は，時間差なしでは，ほぼ無相関であり，異なる波形であるといえる．図5・10（f）は図5・10（d）と図5・10（d）の相関係数である．この場合は，$m=0$のとき，$\rho_{x_2y}(0)\fallingdotseq 1$であり相関が非常に高い．したがって$x_2(n)$（図5・10（d））と$y(n)$（図5・10（e））は，一致しているとみなせる．このように複数種類の信号は，相関係数を利用することで，その類似性を定量的に評価することができる．

[**例題 5・3**] ディジタル信号$x(n)=[0\ 1\ -1]$，$y(n)=[1\ -1\ 1]$（ただし，$n=0, 1, 2$）について，$m=0$での相関係数$\rho_{xy}(0)$を求めよ．
【解】 $x(n)$，$y(n)$の平均値μ_x，μ_y，標準偏差σ_x，σ_yを求めると

$$\mu_x = \frac{1}{N}\sum_{n=0}^{2}x(n) = \frac{1}{3}(0+1-1) = 0$$

$$\sigma_x = \sqrt{\frac{1}{N}\sum_{n=0}^{2}\{x(n)-\mu_x\}^2} = \sqrt{\frac{1}{3}\{0^2+1^2+(-1)^2\}} = \sqrt{\frac{2}{3}}$$

$$\mu_y = \frac{1}{N}\sum_{n=0}^{2}y(n) = \frac{1}{3}(1-1+1) = \frac{1}{3}$$

$$\sigma_y = \sqrt{\frac{1}{N}\sum_{n=0}^{2}\{y(n)-\mu_y\}^2} = \sqrt{\frac{1}{3}\left\{\left(\frac{2}{3}\right)^2+\left(-\frac{4}{3}\right)^2+\left(\frac{2}{3}\right)^2\right\}} = \sqrt{\frac{1}{3}\cdot\frac{24}{9}} = \frac{2\sqrt{2}}{3}$$

式 (5・16) より，共分散 $C_{xy}(m)$ は，$x(n)-\mu_x=[0\ 1\ -1]$ と，$y(n)-\mu_y=[2/3\ -4/3\ 2/3]$ の相互相関関数である．問題より，$m=0$ の場合のみ求めると

$$C_{xy}(0) = \frac{1}{3}\sum_{n=0}^{3-1}\{x(n)-\mu_x\}\cdot\{y(n+m)-\mu_y\}$$

$$= \frac{1}{3}\left\{0\times\frac{2}{3}+1\times\left(-\frac{4}{3}\right)+(-1)\times\frac{2}{3}\right\} = -\frac{2}{3}$$

式 (5・17) より，相関係数 $\rho_{xy}(0)$ は

$$\rho_{xy}(0) = \frac{C_{xy}(0)}{\sigma_x\sigma_y} = \sqrt{\frac{3}{2}}\cdot\frac{3}{2\sqrt{2}}C_{xy}(0) = \frac{3\sqrt{3}}{4}\left(-\frac{2}{3}\right) = -\frac{\sqrt{3}}{2}$$

ま と め

○ ディジタル信号において，周期性を解析しその周波数を定量的に求めたい場合には，自己相関関数（自己共分散関数）を利用する．
○ 相互相関関数（相互共分散関数）を使用することでたとえば，同じ信号源から記録した2種類の信号が時間的にどの程度ずれているのかを定量的に検出することが可能になる．
○ あるディジタル信号が，複数種類のディジタル信号のうちどれと最も類似しているかは，相関係数を利用することでを定量的に比較できる．

演 習 問 題

問1 次のディジタル信号 $x(n)$ の自己相関関数を計算し，その結果を標本点のずれ m に対して図示せよ．

$x(n)=[1\ 0\ 1\ 0\ 0]$，ただし，$n=0,1,...,4$．

問2 「あ」と発声したときの音声を標本化周波数 22.05 kHz で記録した信号 $x(n)$ の自己相関関数を計算したところ，図 5・11 の結果が得られた．この結果から $x(n)$ に含まれる周期性成分のうち，最も低い周波数成分の周波数を求めよ．

問3 次のディジタル信号 $x(n)$ と $y(n)$ の相互相関関数を計算し，その結果を標本点のずれ m に対して図示せよ．

$x(n)=[0\ 1\ -1\ 0]$，$y(n)=[1\ 1\ 1\ -1]$，ただし，$n=0,1,2,3$．

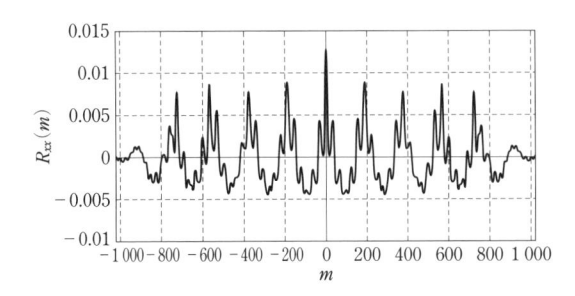

● 図5・11 「あ」と発声したときの音声信号 $x(n)$ の自己相関関数 ●

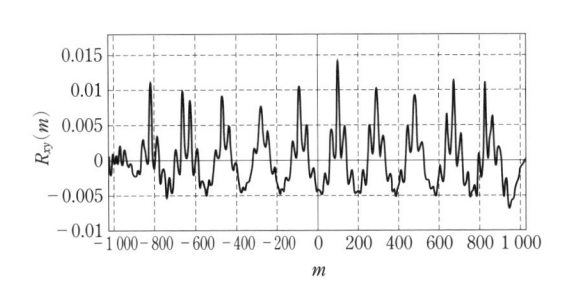

● 図5・12 ある $x(n)$ と $y(n)$ の相互相関関数 ●

問4 標本化周波数 22.05 kHz で記録したある信号 $x(n)$ と $y(n)$ の相互相関関数を計算したところ，図5・12 の結果が得られた．この図より，$x(n)$ と $y(n)$ の位相差〔s〕を求めよ．

問5 ディジタル信号 $x(n)$ の自己相関関数を計算するプログラムを作成し，問1に示す信号を用いて動作を確認せよ．

問6 ディジタル信号 $x(n)$，$y(n)$ の相互相関関数を計算するプログラムを作成し，問3に示す信号を用いて動作を確認せよ．

問7 次のディジタル信号 $y(n)$ と $x_1(n)$，$x_2(n)$，$x_3(n)$ それぞれについて相互相関関数，相互共分散関数，相関係数を求め比較せよ．

$y(n) = [0\ 0\ 0\ 0\ 0.1\ 0.42\ 0.72\ 0.58\ 0\ -0.58\ -0.72\ -0.42\ -0.10\ 0\ 0\ 0]$
$x_1(n) = [0\ 0.1\ 0.42\ 0.72\ 0.58\ 0\ -0.58\ -0.72\ -0.42\ -0.10\ 0\ 0\ 0\ 0\ 0\ 0]$
$x_2(n) = x_1(n) + 0.7$
$x_3(n) = 1.5 \times x_1(n)$

6章

離散フーリエ変換による周波数分析

　ディジタル信号の特徴を調べる手段として，その周期性を求める離散フーリエ変換について説明する．離散フーリエ変換は，ディジタル信号に含まれる周波数，すなわち音や電磁波などの計測された現象が単位時間当たり周期的に何回変動するかを示すものである．本章では，離散フーリエ変換の基礎と，実際に計測した音などのデータへの適用，計算結果の読み取り方について学ぶことを目的とする．

1　フーリエ級数とフーリエ変換

　ディジタル信号が持つ情報を表す指標として，平均などの統計量のほかに**周波数**がよく用いられる．周波数で最も親しみのある表現は，電圧値などの1秒間の変動回数を示すヘルツ（単位：Hz）であろう．「コンセントから50 Hz（60 Hz）の交流電圧が100 Vで出力されている」のは，電圧が1秒に50（60）回±100 Vの範囲で変動していることを指している（**図6·1**）．周波数分析は，計測された信号より周波数の情報を抽出することで，時間領域からは読み取れない，どの周波数が，どの強さで含まれているかを表すことができる．これにより，たとえば楽器のラの音を周波数分析すると，ラの周波数に相当する440 Hzが含まれていることが確認できる．さらにコンセントの電圧を計測したデータを分析すると，50 Hz（60 Hz）で変動していることがわかる．

　ディジタル信号の周波数分析には離散フーリエ変換を用いるが，その理解には連続信号の周波数分析となるフーリエ級数などの概念により，あらゆる信号が三

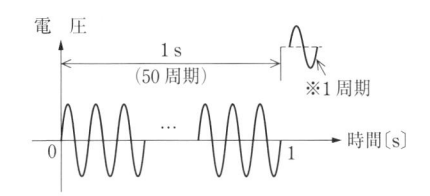

● 図6·1　50 Hzの商用電源における電圧変化 ●

6章　離散フーリエ変換による周波数分析

角関数により表現可能であることを知る必要がある．てっとり早く離散フーリエ変換を吟味したい者は，本節を読み飛ばして構わない．

〔1〕 **フーリエ級数（周期関数の分析）**

フーリエ級数（Fourier series）の基本概念は，無限の長さを持つ1周期 T の周期信号 $x(t)$ は，T の整数倍の周期をもつ余弦波と正弦波によって級数展開できる，というものである．さらに噛み砕くと，同じ信号を一定周期で繰り返す $x(t)$ は，時間 T で1周期，2周期，…，かつ適当な大きさの余弦波および正弦波の和で表現できることを意味している（**図 6・2**）．すなわち，次式が成立する．

$$x(t) = \frac{a_0}{2} + \sum_{k=1}^{\infty}\left\{a_k \cos\left(\frac{2\pi kt}{T}\right) + b_k \sin\left(\frac{2\pi kt}{T}\right)\right\} \tag{6・1}$$

式(6・1)の右辺に現れる級数部分（無限項の和）は**フーリエ級数**，その係数である a_k, b_k は**フーリエ係数**と呼ばれる．また，式(6・1)において

$$\omega_0 = \frac{2\pi}{T} \tag{6・2}$$

を**角速度**〔rad/s〕と呼び，正弦波と余弦波の1周期である 2π を T 秒で変動するとき，1秒間では何周期変動するかを表す．ほとんどの信号処理の専門書では角速度により周期を表現する．

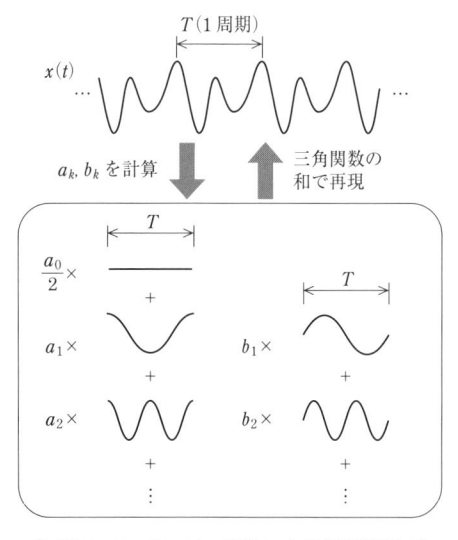

● 図 6・2　フーリエ級数による信号表現 ●

さて，任意の周期信号 $x(t)$ よりさまざまな周期の正弦波や余弦波が，どの程度の強度で含まれているかを確定することができれば，周期信号の構成，すなわち周波数特性を知ることができる．周波数特性の強度を求めるには，次式により a_k，b_k を計算すればよい．

$$a_k = \frac{2}{T} \int_{-\frac{T}{2}}^{\frac{T}{2}} x(t) \cos\left(\frac{2\pi k t}{T}\right) dt \qquad (6\cdot 3)$$

$$b_k = \frac{2}{T} \int_{-\frac{T}{2}}^{\frac{T}{2}} x(t) \sin\left(\frac{2\pi k t}{T}\right) dt \qquad (6\cdot 4)$$

a_k は周期信号 $x(t)$ に $\cos(2\pi kt/T)$ を掛け，1周期（T 秒）範囲で積分することにより得られる．一方の b_k は $\sin(2\pi kt/T)$ を掛け，同様の計算から得られる．すなわち，信号と余弦波や正弦波との相互相関を求めていると考えてよい．

〔2〕 **フーリエ変換（非周期関数の分析）**

フーリエ級数は延々と同じ信号を繰り返す周期信号の周波数分析を実現しているが，音声であれば言葉が変化すると異なる信号が計測されるなど，我々を取り巻く信号が周期信号になることはほとんどない．そこで，無限長かつ非周期信号の $x(t)$ から周波数特性を求める**フーリエ変換**（Fourier transform）が必要となる．

図 6・3 のように，$x(t)$ から1周期（T 秒）分の周期信号を切り出し，その時間軸上の両端を無限個の0で埋めることで，0ではない1周期の部分を孤立した非周期信号とする．非周期信号を正弦波と余弦波で表現するのがフーリエ変換である．

図 6・3 より $x(t)$ は無限長の0に T 秒の信号を有するため，本来の周期は無限長として扱うことができる．$x(t)$ を正弦波と余弦波の和で表現するには次式を用いて a_k，b_k を求め，式(6・1)に代入すればよい．

$$a_k = \int_{-\infty}^{\infty} x(t) \cos\left(\frac{2\pi k t}{T}\right) dt \qquad (6\cdot 5)$$

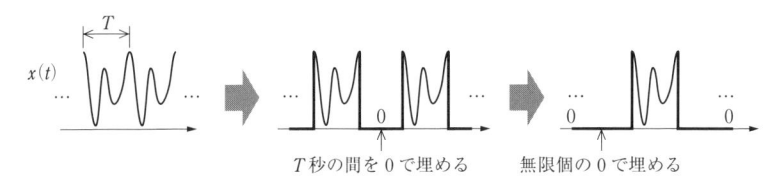

● **図 6・3 周期信号（左）と非周期信号（右）** ●

$$b_k = \int_{-\infty}^{\infty} x(t) \sin\left(\frac{2\pi k t}{T}\right) dt \tag{6・6}$$

2 離散フーリエ変換

〔1〕 離散フーリエ変換の原理

フーリエ級数やフーリエ変換は,数式表現可能な関数や連続信号,すなわち理論上の周波数分析に用いられる.一方,音や電磁波などセンサを用いて計測されたディジタル信号は,長さが有限である数値の羅列であり,関数など数式により表現することは不可能である.したがって,周波数特性を求めるための積分計算を利用することはできない.ディジタル信号の周波数分析には,非周期的かつ有限長の離散信号に対応した**離散フーリエ変換**(DFT:discrete Fourier transform)が用いられる.各周波数分析の利用先をまとめると,**表6・1**になる.

N 点のディジタル信号を $x(n)$, $(n=0, ..., N-1)$ とすると,$x(n)$ はフーリエ級数と同様,正弦波と余弦波の和より表現可能である.つまり

$$x(n) = \frac{a_0}{2} + \sum_{k=1}^{K}\left\{a_k \cos\left(\frac{2\pi n k}{N}\right) + b_k \sin\left(\frac{2\pi n k}{N}\right)\right\} \tag{6・7}$$

が成り立つ a_k,b_k が存在する.DFT は正弦波成分を虚数 j として定義することにより,一つの計算式から $X(k)$ を求める.

$$X(k) = \frac{2}{N} \sum_{n=0}^{N-1} x(n)\left\{\cos\left(\frac{2\pi n k}{N}\right) - j \sin\left(\frac{2\pi n k}{N}\right)\right\} \tag{6・9}$$

一般的には,オイラーの公式 $e^{-j\theta} = \cos\theta - j\sin\theta$ を用いて

$$X(k) = \frac{2}{N} \sum_{n=0}^{N-1} x(n) e^{-j\frac{2\pi n k}{N}} \tag{6・10}$$

と表記される.$X(k)$ を**周波数スペクトル**と呼ぶ.ここで,フーリエ変換と同様に周波数スペクトルについて

● 表6・1 周波数分析の利用例 ●

	解析対象	利用例
フーリエ級数	無限長の周期関数	理論上の分析
フーリエ変換	無限長の非周期関数	理論上の分析
離散フーリエ変換	有限長の離散信号	ディジタル信号の分析

2 離散フーリエ変換

$$a_k = \frac{2}{N}\sum_{n=0}^{N-1} x(n)\left\{\cos\left(\frac{2\pi nk}{N}\right)\right\} \qquad (6\cdot 11)$$

$$b_k = \frac{2}{N}\sum_{n=0}^{N-1} x(n)\left\{\sin\left(\frac{2\pi nk}{N}\right)\right\} \qquad (6\cdot 12)$$

となり（図 6・4），a_k，b_k は，N 点で k 周期となる余弦波，正弦波と信号との遅延 0 における相関から計算可能できる．さらに，式 (6・9) に代入すると

$$a_k - jb_k = \frac{2}{N}\sum_{n=0}^{N-1} x(n)\left\{\cos\left(\frac{2\pi nk}{N}\right) - j\sin\left(\frac{2\pi nk}{N}\right)\right\} \qquad (6\cdot 13)$$

と表すことができる．$X(k)$ の実部（real part）と虚部（imaginary part）はそれぞれ

- 実部：$\mathrm{Re}[X(k)] = a_k$
- 虚部：$\mathrm{Im}[X(k)] = -b_k$

となる．

周波数スペクトルから元の信号を再構成する変換は，**逆離散フーリエ変換**（IDFT：inverse discrete Fourier transform）と呼ばれ，次式により表される．

$$x(n) = \frac{1}{N}\sum_{n=0}^{N-1} X(k) e^{j\frac{2\pi nk}{N}} \qquad (6\cdot 14)$$

このとき，元の信号から除去したい周波数に該当する $X(k)$ を 0 にして IDFT を行えば，時間領域での信号加工が容易に実現できる．

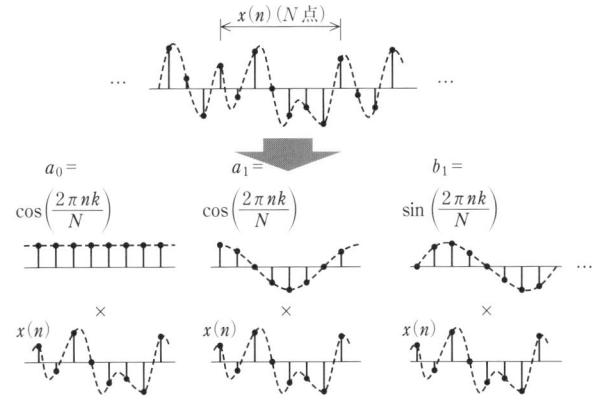

● 図 6・4　DFT における信号表現 ●

〔2〕 **DFT の諸性質と直交性**

　連続信号やディジタル信号を余弦波と正弦波で表現することを前提として周波数分析を行っている．余弦波と正弦波を用いる最たる理由は，三角関数がもつ直交性（orthogonality）が便利だからである．直交性とは，同じ周波数の正弦波と余弦波の内積が0であり，正弦波の線形和で余弦波が表現できない，つまり互いに全く似ていないことを指す．イメージとしては白黒の絵の具を考えてもらうとよい．図6・5のように白から黒，黒から白の絵の具をつくることはできないが，混ぜ合わせると各色の量でさまざまな明るさの灰色を表現できる．これは白と黒は全く似ていないが，二つを合わせることで新しい灰色という概念をつくり出している．白と黒の量をそれぞれ横軸縦軸にとり，できあがる灰色を合成ベクトルで無理やり表現してみると図6・6のようになる．①は黒の割合が多いため縦軸（黒）に近く，②はその逆である．つまり白と黒の量からなる合成ベクトルのなす角度は，黒っぽさを表している．

　話をDFTに戻すと，直交性と三角関数の合成式を利用することにより，正弦波と余弦波の割合から，ある周波数の強さ，および余弦波からどの程度ずれているかを示す位相を求めることができる．信号 $x(n)$ から N 点で k 周期に相当する

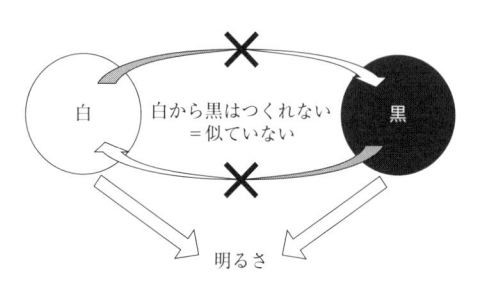

● 図6・5　色による直交性のイメージ ●

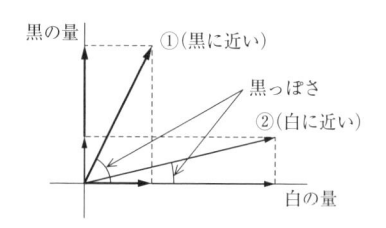

● 図6・6　ベクトル表現の例 ●

周波数スペクトル $X(k)$ が得られたとする．その実部と虚部はそれぞれ N 点で k 周期を持つ余弦波と正弦波の強さを表している．そこでこれら二つの三角関数がつくる新たな成分について求める．三角関数の合成式より

$$\text{Re}[X(k)]\cos\left(\frac{2\pi kn}{N}\right) + \text{Im}[X(k)]\sin\left(\frac{2\pi kn}{N}\right)$$

$$= \sqrt{a_k^2 + b_k^2}\cos\left(\frac{2\pi kn}{N} + \theta_k\right) \tag{6・15}$$

$$\theta_k = \tan^{-1}\frac{\text{Im}[X(k)]}{\text{Re}[X(k)]} = \tan^{-1}\left(\frac{-b_k}{a_k}\right) \tag{6・16}$$

と表すことができる．つまり，ある周期の正弦波と余弦波の強度 a_k, b_k が得られれば，その成分の振幅値と余弦波からのずれを求めることができる．例として，$k=1$, $a_1 = b_1 = \sqrt{1/2}$ の三角関数の和を考える．式(6・15)，式(6・16)に代入すると

$$\theta_1 = \tan^{-1}\left(\frac{-b_1}{a_1}\right) = \tan^{-1}(-1) = -\frac{\pi}{4} \tag{6・17}$$

$$\sqrt{\frac{1}{2}}\cos\left(\frac{2\pi n}{N}\right) + \sqrt{\frac{1}{2}}\sin\left(\frac{2\pi n}{N}\right) = \cos\left(\frac{2\pi n}{N} - \frac{\pi}{4}\right) \tag{6・18}$$

となる（**図6・7**左）．これを縦軸に虚部（正弦波の強度），横軸に実部（余弦波の強度）を取ると図6・7右のように表すことができる．図6・6を参考に解釈すると，正弦波と余弦波の合成により余弦波から $-\pi/4$ ずれた，正弦波でも余弦波でもない三角関数が合成されたことがわかる．$\sqrt{a_k^2 + b_k^2}$ と θ_k は周波数スペクトルにおいて重要な意味を持つ．詳細は6章3節を参照して欲しい．

DFTには，信号と周波数スペクトルの関係，および周波数スペクトルが有す

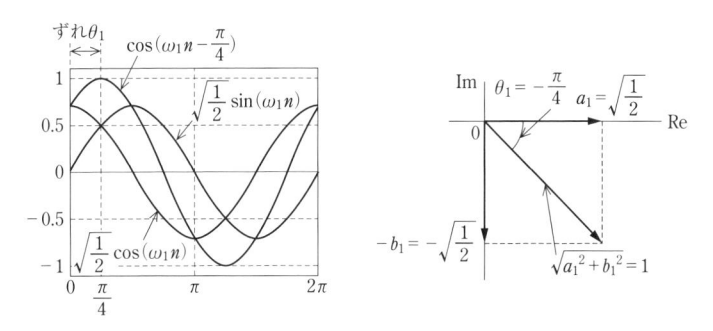

● 図6・7　正弦波と余弦波の和による信号表現 ●

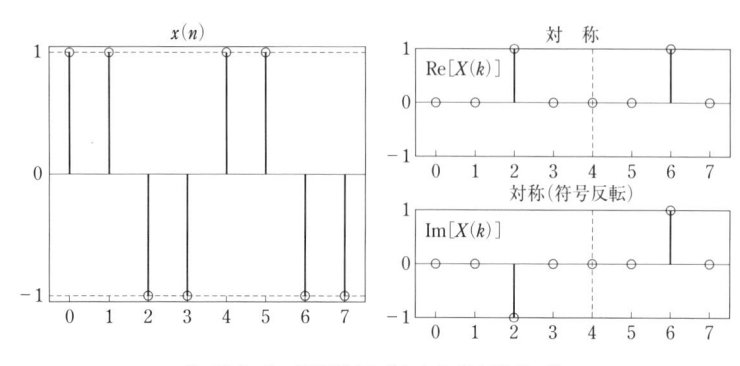

● 図6・8　周波数スペクトルの対称性 ●

る重要な性質が存在する．

(1) **線形性**
$$x(n) = ax_1(n) + bx_2(n) \quad (a, b：任意の定数) \tag{6・19}$$
とすると，両項のDFTには
$$X(k) = aX_1(k) + bX_2(k) \tag{6・20}$$
が成立する．ただし，$X_1(k)$，$X_2(k)$ は $x_1(n)$，$x_2(n)$ の周波数スペクトルである．

(2) **対称性**
実数の信号 $x(n) = x^*(n)$ に対して
$$X(N-k) = X^*(k+1)\begin{cases} \mathrm{Re}[X(N-k)] = \mathrm{Re}[X(k+1)] \\ \mathrm{Im}[X(N-k)] = -\mathrm{Im}[X(k+1)] \end{cases} \tag{6・21}$$
となる．ここで，* は複素共役を表す．すなわち，実数は $N/2$ を中心に対称（線対称），虚数は符号反転の対称（点対称）となる．図6・8に示す信号 $x(n)$ と，その周波数スペクトル $\mathrm{Re}[X(k)]$，$\mathrm{Im}[X(k)]$ より，$N/2=4$ 点目を中心に実部と虚部が対称性を有している．ただし，0点目は除外される．

3　振幅，パワー，位相スペクトル

DFTの利点は，周波数という視点からディジタル信号の特徴をみることができる点にある．周波数スペクトルからディジタル信号の特徴を正しく読み取るため，三つのスペクトルの意味を理解する必要がある．

〔1〕 **周波数の理解**

周波数スペクトルを $X(k)$ と表してきたが，まずはDFTの計算結果であるこ

3 振幅，パワー，位相スペクトル

の k 番目の周波数スペクトルについて理解することが重要である．ここで示す理解については，以降の振幅，パワー，位相スペクトルでも共通である．

式(6・7)を元に k，つまり DFT の各項がどのような余弦波，正弦波の周波数スペクトルを計算しているかについて考える．長さ N の信号 $x(n)$ に DFT を適用した場合，正弦波 $\sin(2\pi nk/N)$ を利用する．ここで，$k=1$ とすると

$$\sin\left(\frac{2\pi n}{N}\right) \quad (n=0,1,2,\ldots,N-1) \tag{6・22}$$

が得られ，信号長 N で 1 周期の正弦波となる．同様に，$k=2,3$ では，N 点で 2 周期，3 周期の正弦波となる（図6・4）．したがって，$X(k)$ は DFT を行う信号長 N に k 周期分含まれる余弦波や正弦波の周波数スペクトルを指す．さらに k を実際の 1 秒あたりの周波数であるヘルツへ換算するには，周波数を f_k とおくと，サンプリング周波数 F_s，信号長 N を用いて

$$f_k = k\frac{F_s}{N} \tag{6・23}$$

と表すことができる．たとえば，サンプリング周波数 2 000 Hz の音声信号から信号長 1 000 点で DFT を適用した場合，$k=1$ は $1\times 2\,000/1\,000=2$ Hz，$k=2$ は $2\times 2\,000/1\,000=4$ Hz となる．すなわち，F_s/N 〔Hz〕間隔で周波数スペクトルが得られる（**図 6・9**）．細かい周波数スペクトルを得るには長時間の信号が必要であり，短時間の信号からは粗い周波数スペクトルしか得られないジレンマが生じる．

さらに，周波数スペクトルには $k=0$ となる 0 点目が存在する．これは周波数の計算式に $k=0$ を代入すると

$$X(0) = \frac{2}{N}\sum_{n=0}^{N-1}x(n)e^{-j0} = \frac{2}{N}\sum_{n=0}^{N-1}x(n) \tag{6・24}$$

となることから，信号の平均の 2 倍（直流成分）を表している．

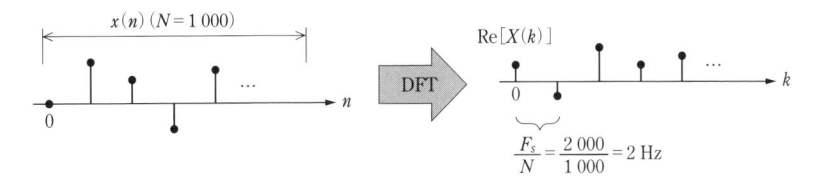

● 図 6・9　周波数スペクトルの周波数間隔（$F_s=2\,000$）●

〔2〕 スペクトルの理解

(1) 振幅スペクトル $|X(k)|$

振幅スペクトル(amplitude spectrum)は，$k\cdot F_s/N$〔Hz〕の周波数が信号にどの程度含まれているかを示す強度の指標である．

$$|X(k)| = \sqrt{\mathrm{Re}[X(k)]^2 + \mathrm{Im}[X(k)]^2}$$
$$= \sqrt{a_k^2 + b_k^2} \qquad (6\cdot25)$$

(2) パワースペクトル $|X(k)|^2$ (power spectrum)

パワースペクトルは，振幅スペクトルをパワー（二乗）に換算したものであり，同じくある周波数の強度を表す．

$$|X(k)|^2 = \mathrm{Re}[X(k)]^2 + \mathrm{Im}[X(k)]^2$$
$$= a_k^2 + b_k^2 \qquad (6\cdot26)$$

また，信号 $x(n)$ の自己相関関数を $R(\tau)$ とすると，パワースペクトルは $R(\tau)$ のフーリエ変換に対応していることが知られている（ウィナー・ヒンチンの定理）．

(3) 位相スペクトル $\angle X(k)$ (phase spectrum)

位相スペクトルは，$k\cdot F_s/N$〔Hz〕の周波数の位相角である．音や電圧の測定結果など，実数しか持たない信号においては信号の開始点 $x(0)$ において，余弦波 $\cos 0$ から $\angle X(k)$ ずれて開始することを表す．

$$\angle X(k) = \tan^{-1}\left(\frac{\mathrm{Im}[X(k)]}{\mathrm{Re}[X(k)]}\right)$$
$$= \tan^{-1}\left(\frac{-b_k}{a_k}\right) \qquad (6\cdot27)$$

振幅スペクトルと位相スペクトルの理解を深めるため，単純な信号の DFT を求める．まず信号 $x(n)$ はサンプリング周波数 $F_s=8$，信号長 $N=8$，1 Hz の余弦波とする．a_k の $k=0,1$ について計算方法を詳細に示すと，a_k は式(6·11)より

$$a_k = \frac{2}{N}\sum_{n=0}^{N-1} x(n)\left\{\cos\left(\frac{2\pi nk}{N}\right)\right\} \qquad (6\cdot11)$$

から得られる．したがって，**図6·10**，**図6·11**のように，信号（上段）と N 点で k 周期となる余弦波（中段）の積（下段）を取り，その和を $2/N$ 倍することにより計算できる．また，b_k について $k=1$ に関する計算を示すと，式(6·12)より

3 振幅，パワー，位相スペクトル

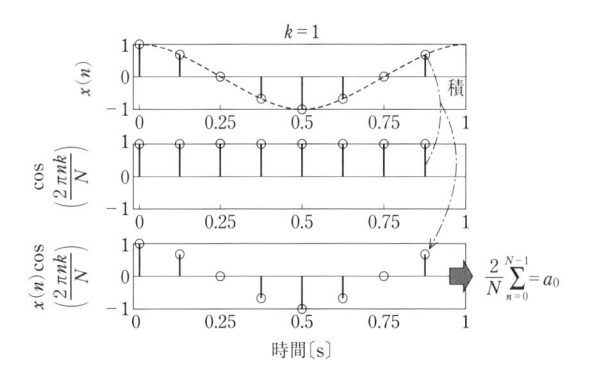

● 図 6・10　a_0 の計算方法 ●

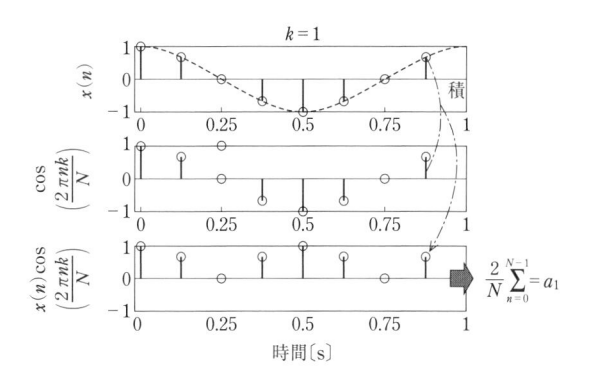

● 図 6・11　a_1 の計算方法 ●

$$b_k = \frac{2}{N}\sum_{n=0}^{N-1} x(n)\left\{\sin\left(\frac{2\pi nk}{N}\right)\right\} \tag{6・12}$$

となり，計算方法は**図 6・12** のように表すことができ，信号（上段）と N 点で k 周期となる正弦波（中段）の積（下段）を計算し，その和を $2/N$ 倍する．

a_k を $k = 0, 1, \ldots 7$，b_k を $k = 1, \ldots 7$ について求め，式 (6・25)，(6・27) に代入すると，**図 6・13** に示す振幅スペクトル（上図）と位相スペクトル（下図）が得られる．図 6・13 の振幅スペクトルより，1 Hz 成分の存在が確認でき，その 1 Hz 成分の位相スペクトル 0 である．すなわち，$x(n)$ は周波数 1 Hz，位相が 0 となる

余弦波であることが確認できる.

次に信号 $x(n)$ をサンプリング周波数 $F_s=8$,信号長 $N=8$,1 Hz の正弦波とした場合の振幅スペクトルと位相スペクトルを**図6·14**に示す.図6·13と比較すると振幅スペクトルは同じであるが,位相スペクトルが 1 Hz で $-\pi/2$ となっている.これは,$x(n)$ の 1 Hz 成分が余弦波から $-\pi/2$ ずれた信号,すなわち正弦波であることを表している.

また,周波数スペクトルの性質より,$N/2$ 点目を中心に振幅スペクトルは線対称,位相スペクトルは点対称となる.この性質は,DFT の対称性より

$$|X(N-k)|=|X(k+1)| \tag{6·28}$$
$$\angle X(N-k)=-\angle X(k+1) \tag{6·29}$$

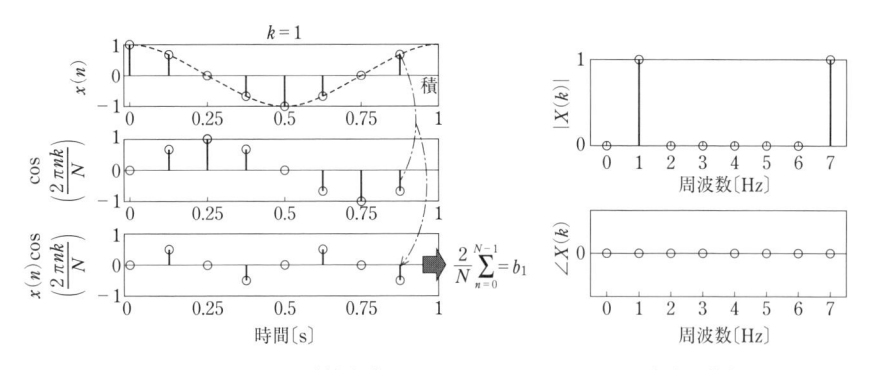

● 図6·12 b_1 の計算方法 ●

● 図6·13 振幅・位相スペクトル ●

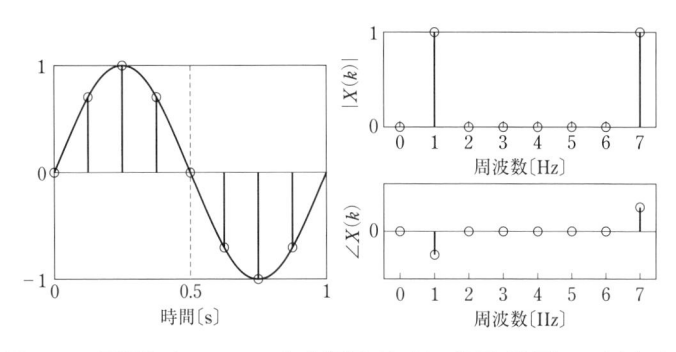

● 図6·14 正弦波（1 Hz,$N=8$）と振幅（右上），位相（右下）スペクトル ●

の関係が導かれ，計算上正しいことがわかる．さらに，同性質より DFT で求められる最大の周波数は

$$\frac{N}{2} \cdot \frac{F_s}{N} = \frac{F_s}{2} \,\text{[Hz]}$$

となる．

まとめ

○ DFT は，あらゆる信号が正弦波と余弦波の和で表すことができることを前提としたものであり，ディジタル信号と正弦波および余弦波の内積からどの周波数が含まれているか，すなわち周波数スペクトルを求めることが可能である．
○ インデックス（k）と信号に含まれる周波数との対応は，サンプリング周波数と DFT を行う信号の長さに依存する．
○ 振幅スペクトルはある周波数の強度，位相スペクトルはある周波数の余弦波に対するずれである．
○ MATLAB などのツールを利用し DFT を利用する場合においても，上記のインデックスと周波数の対応，振幅・位相スペクトルの意味を理解する必要がある．

演習問題

問1 サンプリング周波数 1 000 Hz のディジタル信号から 0.25 Hz 刻みの周波数スペクトルを求めたい場合，信号長を何点にする必要があるか．

問2 サンプリング周波数 8 000 Hz で 40 000 点のディジタル信号を記録した．このとき，周波数スペクトルの間隔と，計算可能な最大周波数を求めよ．

問3 次の二つの 4 点ディジタル信号に DFT を適用して周波数スペクトルを求めよ．

（a）

$$x(n) = \begin{cases} 1 & (n=0) \\ 1 & (n=1) \\ 0 & (n=2) \\ 1 & (n=3) \\ 0 & (n \neq 0, 1, 2, 3) \end{cases}$$

(b)
$$x(n) = \begin{cases} 1 & (n=0) \\ 1 & (n=1) \\ -1 & (n=2) \\ -1 & (n=3) \\ 0 & (n \neq 0, 1, 2, 3) \end{cases}$$

問 4 問 3 の結果を用いて，振幅スペクトルと位相スペクトルを求めよ．

7章

線形システム

本章では，線形システムの基礎について説明する．ここでは，ディジタル信号を対象とした線形時不変（LTI：linear time invariant）システムの概念や，畳み込み演算による出力信号の演算法の習得を目標とする．さらにシステムの性質について理解し，次章以降のディジタルフィルタを理解するための土台を作る．

1 線形時不変システム

システムの意味は非常に広範であり，一般的には入力を与えるとそれに変化を加え，出力するものである．たとえば電子レンジは，冷えたご飯を入力すると，温めるという変化を加え，温かいご飯を出力するシステムであるといえる（**図7・1**）．

ディジタル信号処理で扱うシステムは，入力を数値で受け取り，それに計算を加え，出力信号を作り出すプログラムや回路などを指す．あるシステムに1, 2, 3の順に数値を入力し，出力が2, 4, 6となる場合，それは入力を2倍にするシステムと予測できる．ディジタル信号処理においてよく用いられるシステムは，**線形時不変システム**（LTIシステム）と呼ばれ，入力信号をディジタル信号とする数学的に扱いやすいシステムである．

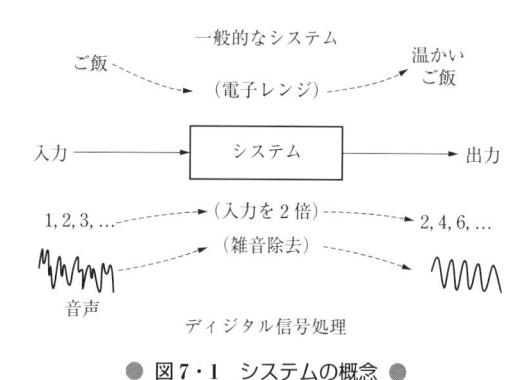

● 図7・1　システムの概念 ●

7章 線形システム

ディジタル信号処理では，システムの設計と解析が重要となる．システムの設計は，入力信号を思い通りに変換するシステムをつくることであり，人の音声を収録した音から雑音であるエアコンや車両などの環境音を除去，逆に音声に関連する周波数成分を強調することができる．システムの解析は，未知のシステムが存在し，任意の入力信号を与えたときの出力信号からシステムの中身を予測することである．これらについては次章以降で詳細を述べることにし，まずはLTIシステムについて述べる．

LTIシステムは**線形システム**（linear system）と**時不変システム**（time invariant system）の両方の特性を有するシステムのことを指す．しかし，実際にさまざまな現象をディジタル信号として記録すると，線形システムとして表現されるものはほとんど存在しない．しかし，信号を短時間で区切ると線形システムで近似できてしまうことが知られている．したがって，LTIシステムの性質について知ることは非常に重要である．

〔1〕 **線形システム**

ディジタル信号 $x(n)$ をシステム S に入力し得られる出力を $y(n)$ と置くと，システム S の入出力関係は**図7・2**のように $y(n)=S\{x(n)\}$ と表される．ここで，入力信号 $x_1(n)$, $x_2(n)$ をシステムに入力した場合の出力が $y_1(n)$, $y_2(n)$ であるとき，以下の2条件からなる重ね合わせの定理（superposition principle）を満

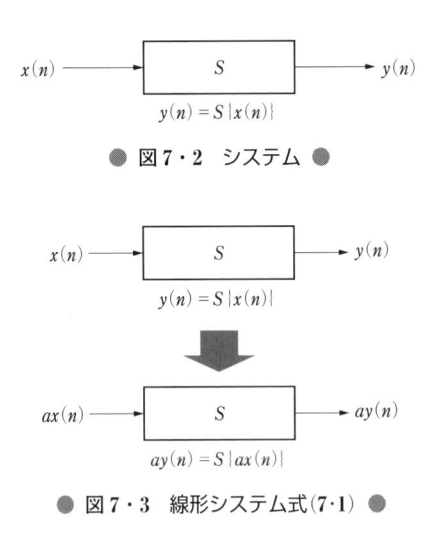

● 図7・2 システム ●

● 図7・3 線形システム式(7・1) ●

1 線形時不変システム

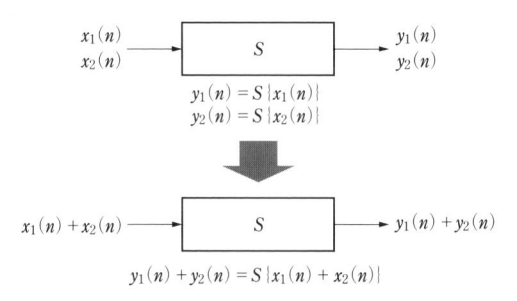

● 図7・4　線形システム式(7・2) ●

たすシステムを**線形システム**と呼ぶ．

① $y(n)=S\{x(n)\}$ であるとき，任意の値 a に対し，次式が成り立つ（図7・3）

$$ay(n)=S\{ax(n)\} \tag{7・1}$$

② $y_1(n)=S\{x_1(n)\}$，$y_2(n)=S\{x_2(n)\}$ であるとき，次式が成り立つ（図7・4）

$$y_1(n)+y_2(n)=S\{x_1(n)+x_2(n)\} \tag{7・2}$$

これらの条件をまとめて，以下の一つの条件で表現されることもある．
$y_1(n)=S\{x_1(n)\}$，$y_2(n)=S\{x_2(n)\}$ であるとき，a_1，a_2 に対して次式が成り立つ．

$$a_1y_1(n)+a_2y_2(n)=S\{a_1x_1(n)+a_2x_2(n)\} \tag{7・3}$$

つまり，線形システムとは，入力を a 倍すると出力が a 倍になり，入力を $x_1(n)+x_2(n)$ とすると，それぞれを入力したときの出力の和と一致するシステムのことである．逆に，線形の性質を持たないシステムは**非線形システム**（nonlinear system）と呼ばれる．

〔2〕**時不変システム**

時不変システムとは，システムの特性が時間によって変化せず，同じ信号をいつ入力しても同じ出力が得られるシステムである．すなわち，時刻 n の入出力関係が $y(n)=S\{x(n)\}$ であるとき，m 時刻遅らせて同じ入力 $x(n-m)$ を与えたとき，次式を満たすシステムである．

$$y(n-m)=S\{x(n-m)\} \tag{7・4}$$

つまり，図7・5のように，入力信号 $x(n)$ を m 時刻遅らせて入力すると，出力 $y(n)$ が m 時刻遅れて出力される．

〔3〕**因果性**

ほかにも一般的なシステムが満たすべき性質として，**因果性**（causality）が知

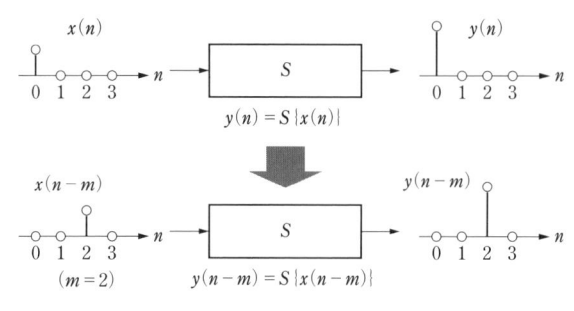

● 図7・5　時不変システム ●

られている．時刻 n におけるシステムの出力 $y(n)$ が，時刻 n 以前の入力信号を使い，計算されることを因果性と呼ぶ．$y(n)$ の計算に1時刻先の入力 $x(n+1)$ を必要とした場合，未知であるはずの未来の情報を必要とするため，実用上使えなくなる．つまり，因果性は時間軸上においてシステムが実現可能である条件の一つである．

2　インパルスを用いた信号表現

　LTI システムの時間軸上の特性について考える．LTI システムでは，ディジタルインパルス $\delta(n)$（時刻0で1，それ以外の時刻では0）に対する出力と入力信号がわかれば，出力信号を簡単に言い当てることができる．任意の信号を $\delta(n)$ の定数倍かつ時間をずらしたものとして表現すると，線形・時不変の性質により出力信号が計算可能となる．以降，本章ではそのしくみについて述べる．

　まず，$\delta(n)$ は次式，および図7・6の通り定義される．

$$\delta(n) = \begin{cases} 1 & (n=0) \\ 0 & (n \neq 0) \end{cases} \tag{7・5}$$

この $\delta(n)$ を使い，時刻 n のディジタル信号 $x(n)$ を表現すると

$x(0) = x(0)\delta(n)$

$x(1) = x(1)\delta(n-1)$

$x(2) = x(2)\delta(n-2)$

…

となる．これをすべての時刻 n について求めると，ディジタル信号 $x(n)$ はそれらの和として次式のように表現することができる（図7・7）．

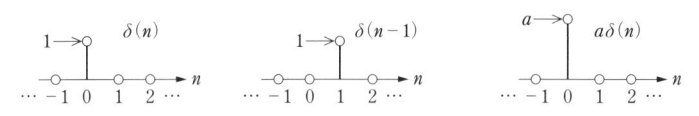

● 図7・6　ディジタルインパルス $\delta(n)$ の表現 ●

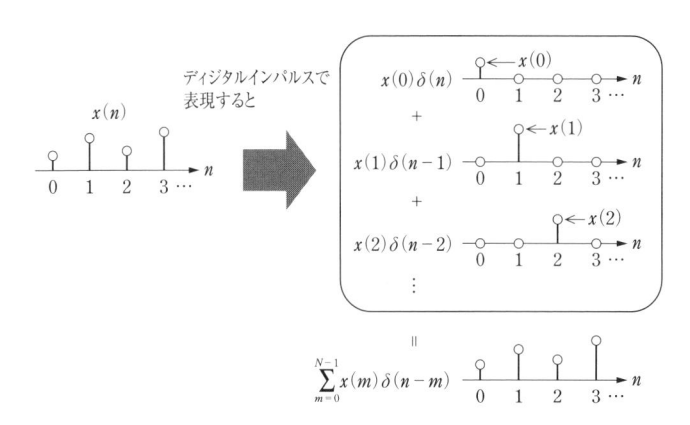

● 図7・7　ディジタルインパルスによる信号表現 ●

$$x(n) = x(0)\delta(n) + x(1)\delta(n-1) + x(2)\delta(n-2) \cdots$$
$$= \sum_{m=0}^{N-1} x(m)\delta(n-m) \quad (7\cdot6)$$

このように任意の信号 $x(n)$ はインパルスと信号の積と時間のずれ m により表現可能であり，LTIシステムの $\delta(n)$ に対する出力と信号 $x(n)$ から出力信号が言い当てられる．すなわち，$x(n)$ が入力されればインパルス入力時の $x(n)$ 倍の値が出力される．

3　線形時不変システムのインパルス応答と畳み込み

〔1〕　インパルス応答

図7・8のようにディジタルインパルス $\delta(n)$ を入力したときの出力 $y(n)$ は**インパルス応答**（impulse response）と呼ばれ，$h(n)$ と記述される．たとえば，あるLTIシステムの $\delta(n)$ に対する出力が $y(0)=1$，$y(1)=1/2$ 以降は0である場合，$h(0)=1$，$h(1)=1/2$ のインパルス応答を持つシステムであるといえる．

7章 線形システム

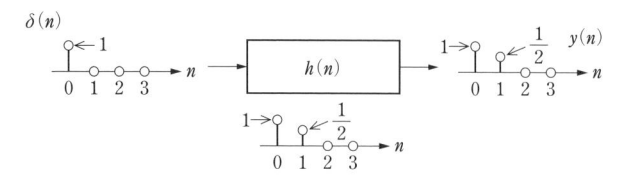

●　図7・8　インパルス応答　●

〔2〕 畳み込み

インパルス応答 $h(n)$ を持つ LTI システムに対して任意の $x(n)$ を入力したとき，$y(n)$ は，$x(n)$ の各時刻 n におけるインパルス応答の和で表現することができる．インパルスを用いた信号表現より

$$x(n)=x(0)\delta(n)+x(1)\delta(n-1)+x(2)\delta(n-2)\cdots=\sum_{m=0}^{N-1}x(m)\delta(n-m) \tag{7・7}$$

のとき，LTI システムの出力は

$$y(n)=x(0)h(n)+x(1)h(n-1)+x(2)h(n-2)\cdots=\sum_{m=0}^{N-1}x(m)h(n-m) \tag{7・8}$$

となる（図7・9）．$\delta(n)$ を入力したときの出力が $h(n)$ のとき，$x(0)\delta(n)$ に対する出力が $x(0)h(n)$ になることは，線形の性質より明白である．さらに，時不変の性質から，1時刻後の入力である $x(1)$ に対し，$x(1)\delta(n-1)$ の出力として $x(0)h(n-1)$ が得られる．

この入力信号とインパルス応答から出力 $y(n)$ を求める総和を用いた演算は**畳み込み**（convolution）と呼ばれ，演算子 * を用いて表現される．

$$\sum_{m=0}^{N-1}x(m)h(n-m)=x(n)*h(n) \tag{7・9}$$

実際に LTI システムに対する出力信号を求めるときは，n を縦に揃えた演算をイメージするとわかりやすい．入出力とインパルス応答の n を揃えて記述すると

3 線形時不変システムのインパルス応答と畳み込み

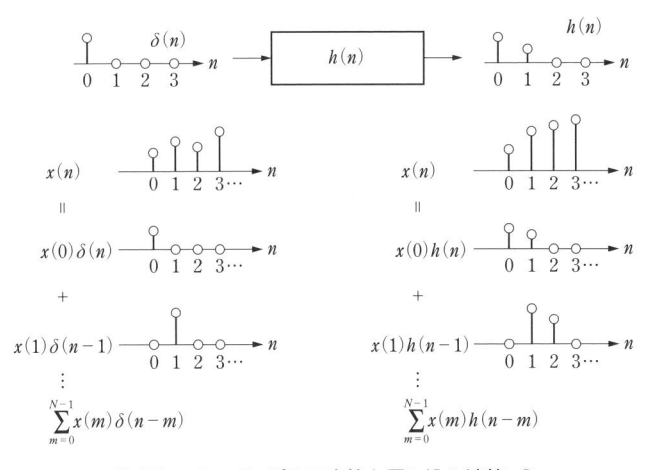

● 図7・9 インパルス応答と畳み込み演算 ●

	…	$x(2)$	$x(1)$	$x(0)$	
	…	$h(2)$	$h(1)$	$h(0)$	
	…	$x(0)h(2)$	$x(0)h(1)$	$x(0)h(0)$	← $x(0)$ に対する出力
	…	$x(1)h(1)$	$x(1)h(0)$	0	← $x(1)$ に対する出力
	… $x(2)h(1)$	$x(2)h(0)$	0	0	…
+	…	0	0	0	…
	…	$y(3)$	$y(2)$	$y(1)$	$y(0)$

となる．ここで，中段は上から $x(m)$ を $m=0,1,2,\cdots$ と昇順に並べ，各行では右から順に $h(n-m)$ を $(n-m)=0,1,2,\cdots$ と昇順に並べている．最後に各列の和を $y(n)$ としている．つまり，$y(n)$ は $x(m)$ の m と，$h(n-m)$ の $(n-m)$ の合計が n となる $x(m)\cdot h(n-m)$ の組み合わせの総和をとったものである．インパルス応答と入力信号がそれぞれ

$$x(n)=\begin{cases}1 & (n=0)\\ 4 & (n=1)\\ 0 & (n\neq 0,1)\end{cases} \qquad h(n)=\begin{cases}2 & (n=0)\\ 5 & (n=1)\\ 3 & (n=2)\\ 0 & (n\neq 0,1,2)\end{cases} \qquad (7\cdot 10)$$

で与えられた例を用いて畳み込みを行うと，次のように計算可能である．

```
        0    0    0    4    1
        0    0    3    5    2
      ─────────────────────────
             0    0   1·3  1·5  1·2
     +  0   4·3  4·5  4·2   0
      ─────────────────────────
        0   12   23   13    2
```

すなわち，出力 $y(n)$ は，$y(0)=2$，$y(1)=13$，$y(2)=23$，$y(3)=12$ となる．

〔3〕 **LTI システムと畳み込みの性質**

入力信号が複数の LTI システムを通過する場合，畳み込みの性質により特有の性質を有する．ここでは，インパルス応答が $h_1(n)$，$h_2(n)$ である二つの LTI システムを用いて入出力の関係について説明する．

（1） **可換則**

複数の LTI システムを直列に配置したとき，システムの順番をどのように入れ替えても出力は変化しない．すなわち，**図7·10** に示す二つのシステムに対する出力は同一であり，式(7·11)が成り立つ．これは**可換則**と呼ばれる法則にもとづいており，インパルス応答の畳み込みは，順序を問わないことを示している．

$$\{x(n) * h_1(n)\} * h_2(n) = \{x(n) * h_2(n)\} * h_1(n) \tag{7·11}$$

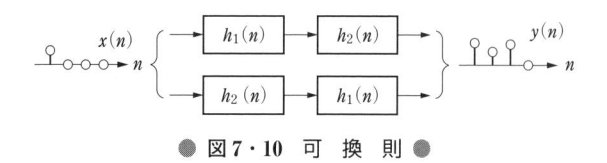

● 図7·10　可 換 則 ●

（2） **結合則**

図7·11 のように複数のインパルス応答の畳み込みを先に求め，それに入力信号を与えても，可換則と同一の結果が得られる．これは**結合則**に基づいており，直列のシステムでは複数の信号やシステムの畳み込みをどの順に処理しても出力は変わらず，式(7·12)が成り立つ．

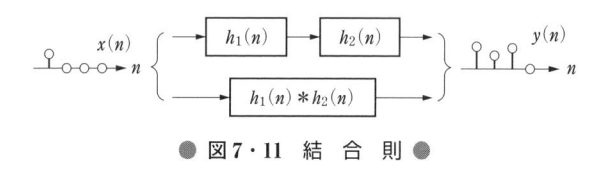

● 図7·11　結 合 則 ●

$$\{x(n)*h_1(n)\}*h_2(n) = x(n)*\{h_1(n)*h_2(n)\} \tag{7・12}$$

（3） 分配則

図 7・12 のように入力信号を $h_1(n)$, $h_2(n)$ それぞれに入力した結果の和をとった出力と，$h_1(n)$, $h_2(n)$ の和に入力信号を入力した出力は一致する（式(7・13)）．

$$x(n)*h_1(n) + x(n)*h_2(n) = x(n)*\{h_1(n) + h_2(n)\} \tag{7・13}$$

これらの性質は多段フィルタなどに使われ，単純なシステムのつなぎ合わせで複雑な処理を実現できる．

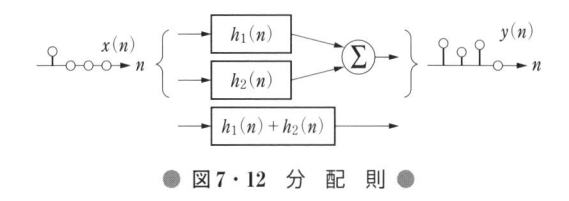

● 図 7・12　分　配　則 ●

まとめ

○ 本章では線形システムついて，簡単な概念と満たすべき性質について解説した．
○ LTI システムの特性，インパルス応答，畳み込み演算の計算方法は，ディジタル信号処理に重要な概念である．
○ 本章で示した概念や性質は，今後多くの場面で現れる．身近な例ではイコライザがシステムに相当し，反響音を表現，特定周波数を強調するインパルス応答に音楽を入力することでさまざまな環境で聞いているかのような音を出力している．

演習問題

問 1　次のインパルス応答 $h(n)$ をと入力 $x(n)$ の畳み込み和を求めよ．

（a）　$h(n) = \begin{cases} n/3 & (0 \leq n \leq 2) \\ 0 & (n<0, n>2) \end{cases}$　　$x(n) = \begin{cases} 1 & (0 \leq n \leq 3) \\ 0 & (n<0, n>3) \end{cases}$

（b）　$h(n) = \begin{cases} n/2 & (0 \leq n \leq 3) \\ 0 & (n<0, n>3) \end{cases}$　　$x(n) = \begin{cases} n/2 & (0 \leq n \leq 2) \\ 0 & (n<0, n>2) \end{cases}$

問 2　次の二つのインパルス応答と入力信号を用いて，可換則が成立することを確かめよ．

$h_1(n) = \begin{cases} n/2 & (0 \leq n \leq 2) \\ 0 & (n<0, n>2) \end{cases}$　$h_2(n) = \begin{cases} n & (0 \leq n \leq 2) \\ 0 & (n<0, n>2) \end{cases}$　$x(n) = \begin{cases} 1 & (0 \leq n \leq 1) \\ 0 & (n<0, n>1) \end{cases}$

7章 線形システム

問3 問2と同じインパルス応答と入力信号を用いて，分配則が成立することを確かめよ．

問4 次のシステムが線形システムかどうか，分配則の計算例を示し判断せよ．

（a） 入力 $x(n)$，$x(n-1)$，$x(n-2)$ の中央値を出力する関数（メジアンフィルタ）

（b） $y(n)=x(n)+2x(n-1)$

（c） $y(n)=x^2(n)$

8章

z 変 換

　z 変換（z transform）は，インパルス応答からシステムの解析を行うために必要な理論であり，以降の差分方程式やディジタルフィルタの周波数特性を数学上で求めるのに有用な定義である．前章は，システムに信号を入力したときの時間軸上における出力信号の演算について示した．本章は，z 変換により，あるインパルス応答を持つ LTI システムに入力信号を与えたとき，周波数軸上でどのように変化した出力信号が得られるかを理解できるようになることを目的とする．ここでは，z 変換の定義と求め方について学び，移動平均フィルタを例に挙げ，システムと入力信号，出力信号の周波数特性について計算する方法を述べる．

1　z 変換の定義

〔1〕 **z 変換**

　z 変換は，ディジタル信号やインパルス応答を複素数で表される z の領域に変換するものである．信号やインパルス応答が数列，あるいは数式で与えられたときに計算可能であり，入力を $x(n)$ とすると，その z 変換 $X(z)$ は次式で表される．

$$X(z) = z[x(n)] = \sum_{n=-\infty}^{\infty} x(n) z^{-n} \tag{8・1}$$

$$X(z) = z[x(n)] = \sum_{n=0}^{\infty} x(n) z^{-n} \tag{8・2}$$

　n は整数，z は複素数である．前者は**両側 z 変換**（two-sided z transform），後者は**片側 z 変換**（single-sided z transform）と呼ばれ，ディジタル信号を取り扱う場合は片側 z 変換を利用する．以降，単に z 変換という場合は片側 z 変換を指す．ディジタル信号処理を一から学習中であるならば，この定義式のみ提示されて z 変換のイメージを身につけるのは難しい．いくつか例を挙げ，z 変換はどのような処理かを考える．

■ 8章 z 変 換

（1） 数値の z 変換

初めに数値で与えられる入力に対する z 変換を行う．式(8·3)（図 8·1）に示す入力 $x(n)$ に z 変換を適用する．定義式に当てはめると

$$x(n) = \begin{cases} 2 & (n=0) \\ 3 & (n=1) \\ -1 & (n=2) \\ 1 & (n=3) \\ 0 & (n \neq 0,1,2,3) \end{cases} \tag{8·3}$$

$$X(z) = \sum_{n=0}^{\infty} x(n) z^{-n} = 2 + 3z^{-1} - z^{-2} + z^{-3} \tag{8·4}$$

となり，z 変換の結果が得られた．このように，$x(n)$ が数値で与えられる場合はその数値を係数とする z の多項式に書き換えることになる．

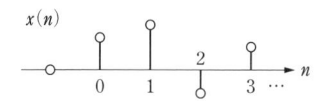

● 図 8·1　信号 $x(n)$ ●

（2） 代表的な関数の z 変換

ディジタルインパルス $\delta(n)$ の z 変換は

$$X(z) = \sum_{n=0}^{\infty} \delta(n) z^{-n} = \delta(0) + \delta(1) z^{-1} + \delta(2) z^{-2} \cdots \tag{8·5}$$

となり，$\delta(0)=1$，それ以外は 0 であることを利用すると，次式が得られる．

$$X(z) = 1 \tag{8·6}$$

次に，時刻 $n=0$ 以降は 1，それ以外では 0 となる単位ステップ関数 $u(n)$（図 8·2）について考えると

$$X(z) = \sum_{n=0}^{\infty} u(n) z^{-n} = u(0) + u(1) z^{-1} + u(2) z^{-2} + \cdots$$

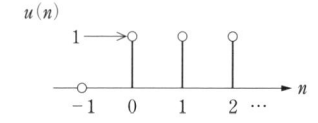

● 図 8·2　単位ステップ関数 $u(n)$ ●

● 表 8・1　代表的な関数の z 変換 ●

	$x(n)$	$X(z)$
インパルス関数	$\delta(n)$	1
単位ステップ関数	$u(n)$	$\dfrac{1}{1-z^{-1}}$
指数関数	a^n	$\dfrac{1}{1-az^{-1}}$
正弦波	$\sin(\omega n)$	$\dfrac{z^{-1}\sin(\omega)}{1-2z^{-1}\cos(\omega)+z^{-2}}$

$$=1+z^{-1}+z^{-2}+\cdots \tag{8・7}$$

ここで，等比数列の和の公式より

$$X(z)=1+z^{-1}+z^{-2}+\cdots=\frac{1}{1-z^{-1}} \tag{8・8}$$

が得られる．

時間経過による増大，減衰を伴う指数関数 a^n の z 変換を求めると

$$X(z)=\sum_{n=0}^{\infty}a^n z^{-n}=\sum_{n=0}^{\infty}(az^{-1})^n=\frac{1}{1-az^{-1}} \tag{8・9}$$

となる．ここで上式より

$$|az^{-1}|<1 \tag{8・10}$$

が成立しなければ，z 変換の級数の和が無限大に発散することがわかる．このとき，級数の和が一意に定まる複素数 z の範囲を**収束領域**と呼び，指数関数の例では $|az^{-1}|<1$ もしくは $|a|<|z|$ となれば級数が無限大にならないことがわかる．

このように，数値や関数の z 変換は単純な作業であり，z の多項式に変換した後に無限に続く級数をきれいにまとめるだけである．複雑な関数の z 変換には複雑な計算が必要とされるが，一般的には代表的な関数に対する z 変換を示した**表 8・1** を参考に行うことがほとんどである．

〔2〕 ***z* 変換の性質**

z 変換を行うには，次に示す z 変換が有する代表的な性質を用いると，さらに効率的に変換できる．

（1）　**線形性**

$X_1(z)=z[x_1(n)]$，$X_2(z)=z[x_2(n)]$ とすると，任意の定数 a_1，a_2 に対して

$$z[a_1 x_1(n)+a_2 x_2(n)]=a_1 X_1(z)+a_2 X_2(z) \tag{8・11}$$

8章 z 変 換

が成立する（**図8·3**）．この性質を**線形性**と呼ぶ．

（2） 推移

$n<0$ において $x(n)=0$ かつ $X(z)=z[x(n)]$ とすると，正の整数 m に対して

$$z[x(n-m)]=z^{-m}X(z) \tag{8·12}$$

が成立する．つまり，時間軸上の信号 $x(n)$ から m 時刻遅延した信号 $x(n-m)$ は，z 変換では z^{-m} を乗算することに相当する（**図8·4**）．

推移の性質より，時間軸上における1時刻の遅延は，z の多項式において z^{-1} を乗算することに一致する．z は**図8·5**のように遅延素子の記号として扱われ，ディジタル信号処理では一般的な表記となっている．これを利用すると，z 変換は時間軸上の信号を遅延素子により表すことになる．

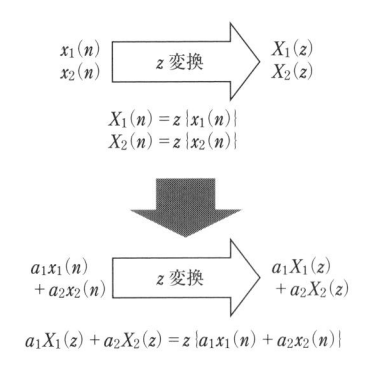

● 図8·3 **z** 変換の線形性 ●

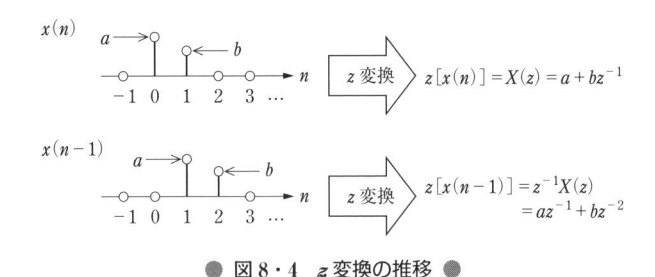

● 図8·4 **z** 変換の推移 ●

● 図8·5 **z** による遅延表現 ●

（3） 畳み込み

$y(n)$ を $x(n)$ と $h(n)$ の畳み込みとすると，7章3節より $y(n)$ は式(8・13)で表すことができる．

$$y(n) = \sum_{m=0}^{N-1} x(m)h(n-m) = x(n) * h(n) \tag{8・13}$$

ここで，$X(z)=z[x(n)]$，$H(z)=z[h(n)]$，$Y(z)=z[y(n)]$ とすると，$Y(z)$ は

$$Y(z) = X(z)H(z) \tag{8・14}$$

と定義される（図 8・6）．すなわち，時間軸上の畳み込みは，z 変換後の積に相当する．$h(n)$ がシステムのインパルス応答であるとき，$H(z)$ は**伝達関数**と呼ばれる．

また，式(8・14)の $X(z)$ を移項すると

$$H(z) = \frac{Y(z)}{X(z)} \tag{8・15}$$

となる．これは，あるシステムに対する入力と出力の z 変換が得られれば，システムの伝達関数が計算可能であることを示している．

これらの性質は z 変換や変換と同様に**表 8・2**のようにまとめられる．

〔3〕 逆 z 変換

z で表された式を基の時間領域に変換するには，z 変換の対となる**逆 z 変換**（inverse z transform）を用いる．一般的には C を $X(z)$ の収束領域内にある閉路とした次式で表されることが多い．

● 図 8・6　z 変換と畳み込み ●

● 表 8・2　z 変換の性質 ●

	$x(n)$	$X(z)$
線形性	$a_1 x_1(n) + a_2 x_2(n)$	$a_1 X_1(z) + a_2 X_2(z)$
推移	$x(n-m)$	$z^m X(z)$
畳み込み	$x(n) * h(n)$	$X(z)H(z)$

$$x(n)=z^{-1}[X(z)]=\frac{1}{2\pi i}\oint_C X(z)z^{n-1}dz \tag{8・16}$$

このように，一見難しい数式で逆 z 変換は表現されるが，ほとんどの場合は部分分数分解と z 変換表を参照しながら $x(n)$ に変換することができる．

（1） 級数の逆 z 変換

数値を z 変換した結果である級数，$a+bz^{-1}+cz^{-2}+\cdots$ の逆 z 変換は，z^{-n} の係数を時間軸上の $x(n)$ として表現すればよい．すなわち

$$2+3z^{-1}-z^{-2}+z^{-3} \tag{8・17}$$

の逆 z 変換は，$x(0)=2$, $x(1)=3$, $x(2)=-1$, $x(3)=1$ となる．

（2） そのほかの逆 z 変換

10 章で述べられるが，伝達関数は

$$H(z)=\frac{d}{a+bz^{-1}+cz^{-2}} \tag{8・18}$$

のように分数の形で表現されることが多い．たとえばシステムの入出力の z 変換 $X(z)$, $Y(z)$ から伝達関数を求めると式 (8・15) の右辺から式 (8・18) の形になることは容易に想像できる．このとき，逆 z 変換は部分分数分解を利用して z 変換表を利用可能な形へ変換することで実現される．次式の逆 z 変換を考える．

$$X(z)=\frac{(1-a)z^{-1}}{1-(1+a)z^{-1}+az^{-2}} \tag{8・19}$$

ここで，a は定数とする．次に

$$\frac{(1-a)z^{-1}}{1-(1+a)z^{-1}+az^{-2}}=\frac{(1-a)z^{-1}}{(1-z^{-1})(1-az^{-1})} \tag{8・20}$$

と式変形し，部分分数分解を行うと

$$X(z)=\frac{1}{1-z^{-1}}-\frac{1}{1-az^{-1}} \tag{8・21}$$

が得られる．z 変換表と照らし合わせると

$$z[u(n)]=\frac{1}{1-z^{-1}} \quad , \quad z[a^n]=\frac{1}{1-az^{-1}} \tag{8・22}$$

であるため

$$z^{-1}[X(z)]=z^{-1}\left[\frac{1}{1-z^{-1}}-\frac{1}{1-az^{-1}}\right]=u(n)-a^n \tag{8・23}$$

が得られる．

2 z 変換と線形システムの周波数特性

伝達関数 $H(z)$ は，インパルス応答の z 変換，もしくはシステムの入出力関係から得られる．z 変換を持ち出して信号やインパルス応答を z の多項式で表現した理由は，伝達関数からその線形システムの**周波数特性**（frequency characteristic）を求めることができるためである．線形システムのインパルス応答を z 変換することにより，そのシステムが入力信号に与える周波数軸上の特性が理解できる．

周波数特性を求めるには伝達関数の z に

$$z = e^{\frac{j2\pi k}{N}} \tag{8・24}$$

を代入する．$H(e^{j2\pi k/N})$ は実部と虚部を持つため，$k(=0, 1, \cdots, N-1)$ における実部と虚部をそれぞれ

$$H(e^{\frac{j2\pi k}{N}}) = a(k) + jb(k) \tag{8・25}$$

と表現すると，**振幅特性**（amplitude characteristic）は

$$|H(e^{\frac{j2\pi k}{N}})| = \sqrt{a^2(k) + b^2(k)} \tag{8・26}$$

位相特性（phase characteristic）は

$$\angle H(e^{\frac{j2\pi k}{N}}) = \tan^{-1}\left\{\frac{b(k)}{a(k)}\right\} \tag{8・27}$$

となる．ここで，k から周波数 f_k を得るには，式(6・23)より

$$f_k = \frac{kF_s}{N}$$

となる．F_s はシステム $h(n)$ に入力信号のサンプリング周波数，N は入力信号の長さであるが周波数特性を求める間隔となる．振幅特性は，システムを通すことで入力信号に含まれる周波数 f_k の強度が $|H(e^{j2\pi k/N})|$ 倍に減衰（増幅）し出力されることを示している．位相特性は周波数 f_k の正弦波がシステムの適用によりどれだけずれるかを示している．

例題として，**図8・7** に示す2点の移動平均処理を表すインパルス応答から周波数特性を求める．

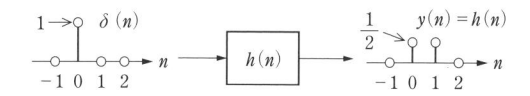

● 図8・7 2点MAのインパルス応答 ●

2点移動平均（MA：moving average）のインパルス応答は

$$h(n) = \begin{cases} \dfrac{1}{2} & (n=0,1) \\ 0 & (n \neq 0,1) \end{cases}$$

と表され，その z 変換は

$$H(z) = \sum_{n=0}^{\infty} h(n) z^{-n} = \frac{1}{2} + \frac{1}{2} z^{-1} = \frac{1+z^{-1}}{2} \tag{8・28}$$

となる．ここで，$z = e^{j2\pi k/N}$ を代入すると

$$H(e^{\frac{j2\pi k}{N}}) = \frac{1 + e^{-\frac{j2\pi k}{N}}}{2} = \frac{1 + \cos\left(\dfrac{2\pi k}{N}\right) - j \sin\left(\dfrac{2\pi k}{N}\right)}{2} \tag{8・29}$$

実部 $a(k)$ と虚部 $b(k)$ に分けると

$$a(k) = \frac{1 + \cos\left(\dfrac{2\pi k}{N}\right)}{2} \tag{8・30}$$

$$b(k) = \frac{-\sin\left(\dfrac{2\pi k}{N}\right)}{2} \tag{8・31}$$

となり，N を代入し振幅特性と位相特性を計算すればよい．**図 8・8**，**図 8・9** に $N=100$，$F_s=100$ とした2点 MA の振幅特性と位相特性を示す．

図 8・8 は，横軸が周波数，縦軸が $|H(e^{j2\pi k/N})|$ であり，ある信号を2点 MA に入力すると，30 Hz の成分が 1/2 程度に減衰することが読み取れる．また，高周波数ほど $|H(e^{j2\pi k/N})|$ が小さいため，低周波数成分を通過させるローパスフィルタであることがわかる．また，位相特性は周波数に対して線形に減少している．これは線形位相特性と呼ばれ，MA などの処理によりすべて周波数成分が元の

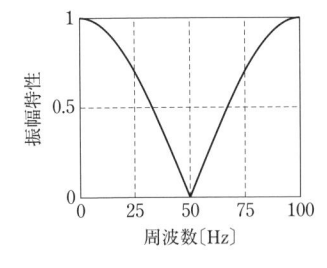

● **図 8・8　2点 MA の振幅特性** ●　　● **図 8・9　2点 MA の位相特性** ●

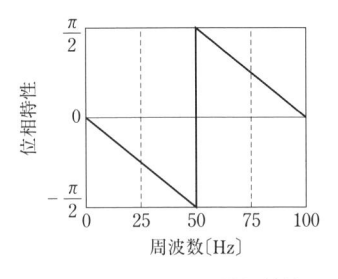

3 z 変換と離散フーリエ変換の関係

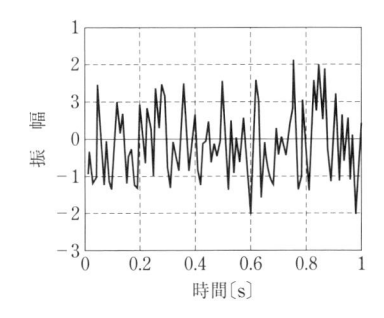

● 図 8・10　正規白色信号 $x(n)$ ●

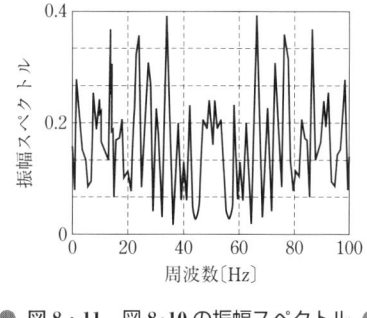

● 図 8・11　図 8・10 の振幅スペクトル ●

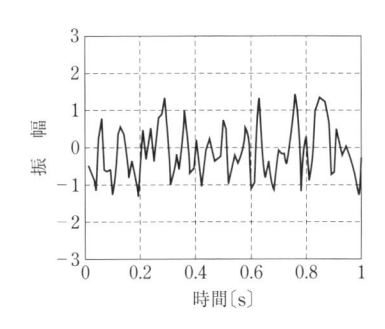

● 図 8・12　2 点 MA 適用後の信号 $y(n)$ ●

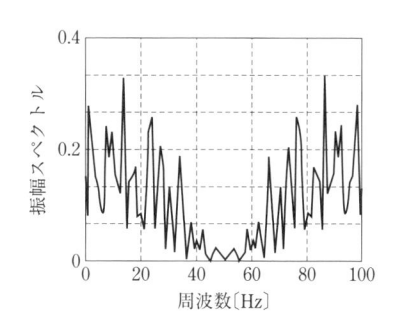

● 図 8・13　図 8・12 の振幅スペクトル ●

信号からずれないという重要な性質である．

また，実際の信号を用いた確認として，2 点 MA への入力である正規白色信号 $x(n)$，2 点 MA の出力 $y(n)$，それぞれの振幅スペクトルを図 8・10～8・13 に示す．振幅スペクトルは z 変換ではなく，各信号の DFT により求めたものである．

図 8・11 に示した正規白色雑音の振幅スペクトルについて，2 点 MA を適用することにより高域成分が減衰している．この減衰は，式(8・14)に示した z 変換の入出力関係によるものであり，入力信号の振幅スペクトルと 2 点 MA の振幅特性（図 8・8）の積が出力されている．

3　z 変換と離散フーリエ変換の関係

ここまで z は複素数であり，前節ではシステムの周波数特性を求めるために $e^{j2\pi k/N}$ を代入していた．実際の z は

$$z = re^{\frac{j2\pi k}{N}} \tag{8・32}$$

となる．ここで，r は正の実数である．上式を z 変換の定義式である式(8・1)に代入すると

$$X(z) = X(re^{\frac{j2\pi k}{N}}) = \sum_{n=0}^{\infty} x(n) r^{-n} e^{-\frac{j2\pi kn}{N}} \tag{8・33}$$

が得られ，さらに z 変換の範囲 N に限定して $r=1$ を代入すると

$$= \sum_{n=0}^{N-1} x(n) e^{-\frac{j2\pi kn}{N}} \tag{8・34}$$

となる．DFT の変換式は

$$X(k) = \frac{2}{N} \sum_{n=0}^{N-1} x(n) e^{-\frac{j2\pi k}{N}} \tag{6・11}$$

で与えられており，式(8・34)とほぼ同一であることがわかる．すなわち，z 変換において $r=1$，かつ信号長を有限にしたものが DFT となる．z 変換と DFT の用途の違いをまとめると，次のとおりである．

① z 変換：無限長を含むディジタル信号やインパルス応答の周波数特性を求める．
② DFT：有限長のディジタル信号から周波数特性を求める．

まとめ

○本章では z 変換，逆 z 変換について計算法や利用例を用いて解説した．
○z 変換は対象が数値か関数かによって計算の手順が異なり，数値の場合は時間の遅れを z^{-1} と表現すればよく，関数の場合は変換表を見ながら計算することになる．
○z 変換の主な用途は，インパルス応答からその周波数特性を求めることである．2 点 MA の例のようにインパルス応答が既知の線形システムに対しては，インパルス応答を z 変換し，周波数特性が推定可能である．一方，未知のシステムでは，入力信号と出力信号がわかれば，それらの z 変換から伝達関数を求め，周波数特性を推定できる．
○z 変換を使うことにより，インパルス応答が既知かどうかに関わらず，システムに入力した信号がどう変化するのかわかるようになる．

演習問題

問1 次の入力 $x(n)$，インパルス応答 $h(n)$ の z 変換をそれぞれ求めよ．

$$h(n)=\begin{cases} 1 & (n=0) \\ 2 & (n=1) \\ 1 & (n=2) \\ 0 & (n \neq 0,1,2) \end{cases} \qquad x(n)=\begin{cases} 1 & (n=0) \\ 2 & (n=1) \\ 0 & (n \neq 0,1) \end{cases}$$

問2 問1に示した $x(n)$ と $h(n)$ の畳み込みから出力 $y(n)$ を計算し，その z 変換を求めよ．

問3 問1の z 変換結果の積を求め，問2の答えと比較し，z 変換の積と畳み込みの z 変換が一致することを確認せよ．

問4 次の逆 z 変換を求めよ．

（a） $X(z) = \dfrac{0.4z^{-1}}{1-1.2z^{-1}+0.32z^{-2}}$

（b） $X(z) = 3 + z^{-2} - 4z^{-3}$

問5 次の3点移動平均フィルタの振幅特性と位相特性を求めよ．

$$h(n) = \begin{cases} \dfrac{1}{3} & (n=-1,0,1) \\ 0 & (n \neq -1,0,1) \end{cases}$$

9章

差分方程式と周波数応答

　連続時間系において微分方程式（differential equation）で表現されるシステムの入出力関係（伝達関数）を解く場合，ラプラス変換を用いる．これを離散時間系で扱う場合，差分方程式（difference equation）に変換し，z 変換を用いて解くことになる．次に，こうしたシステムの特性は，単一の正弦波入力に対する応答を周波数ごとに求めることで評価される．これを周波数応答（frequency response）といい，ディジタルフィルタの特性を求める際によく利用される．本章では，差分方程式についての簡単な説明の後，システムの特性を示す周波数応答の求め方と表現方法について述べる．

1　差分方程式

　連続時間系においてシステムの入出力関係を表す伝達関数は微分方程式で表現される．一般に"微分"は

$$f'(t) = \lim_{\Delta t \to 0} \frac{f(t+\Delta t) - f(t)}{\Delta t} \tag{9・1}$$

と定義されるものであるが，計算機のような離散時間系においては $\lim_{\Delta t \to 0}$ となる極限を扱うことができない．したがって，離散時間系では，Δt を非常に小さな値として"微分"を四則演算の差として近似し，これを扱う．つまり，式(9・1)で表現される微分を以下のように近似する．

$$f'(t) \simeq \frac{f(t+\Delta t) - f(t)}{\Delta t} \quad (\text{ただし，}\Delta t \text{ は微小な値とする}) \tag{9・2}$$

　ここで，微分を式(9・2)のように近似することを**差分**と呼び，微分方程式の微分を差分化したものを**差分方程式**と呼ぶ．このように，離散時間を扱うディジタル信号処理においては，Δt を任意の微小時間に設定してその微小時間当たりの変化量を微分値として取り扱う．式(9・2)を見てもわかるように微分方程式を差分化することで，差と商のみで記述できることから，有限で計算が可能である．このようなことから，式(9・2)の右辺を**差分商**（difference quotient）とも呼ぶ．補足になるが，式(9・1)の右辺は**微分商**（differential quotient）という．差分商

はあくまでも微分の近似であるため，微小時間 Δt の値が誤差に直結することに注意が必要である．すなわち，一般にディジタル信号処理では Δt が標本化間隔に相当し，システムを設計する際には，標本化間隔の決定に十分注意する必要がある．また，式(9・2)を変形すると，以下のような差分方程式の一般形が得られる．

$$f(t+\Delta t) = f(t) + \Delta t f'(t) \tag{9・3}$$

例として式(9・4)のような1階の常微分方程式を差分方程式に変換してみる．

$$y'(t) = 0.5y(t) + 0.7 \tag{9・4}$$

まず，前述のように差分商を用いて微分方程式を差分化する．差分商は

$$\frac{y(t+\Delta t) - y(t)}{\Delta t} \fallingdotseq y'(t) \quad (\Delta t \to 0) \tag{9・5}$$

であるから，これを式(9・4)に代入して

$$\frac{y(t+\Delta t) - y(t)}{\Delta t} = 0.5y(t) + 0.7$$

$$y(t+\Delta t) = y(t) + \Delta t \{0.5y(t) + 0.7\} \tag{9・6}$$

のように差分方程式に変換する．こうした近似による1階常微分方程式の数値解法を**オイラー法**（Euler's method）と呼ぶ．

次に，簡単な畳み込みに対応した差分方程式として式(9・7)を考える．

$$y(t) = x(t) + 0.7x(t-1) + 0.5x(t-2) - 1.2x(t-3) \tag{9・7}$$

式(9・7)の例では，標本化間隔 $\Delta t = 1$[†] で離散化された4時刻分の入力 x とそれぞれの係数から，現在の出力が求まる．このとき，各項の係数をインパルス応答 $(b(k) : b(0) = 1.0, \ b(1) = 0.7, \ b(2) = 0.5, \ b(3) = -1.2)$ と捉えれば

$$y(t) = \sum_{k=0}^{3} b(k) x(t-k) \tag{9・8}$$

のように書くことができる．式(9・7)の例では4時刻分の離散入力を用いているが，これを一般化するために N 時刻分考慮すると，式(9・3)は以下のようになる．

$$y(t) = \sum_{k=0}^{N-1} b(k) x(t-k) \tag{9・9}$$

10章でも説明するが，式(9・9)は，FIRディジタルフィルタ（以降，FIRフィルタとする）の一般式である．

[†] 実際のシステムでは非常に小さな値が参照される．

式(9·8)は，現在の出力が過去の離散入力のみから求まるものであったが，差分方程式の別の例として式(9·10)を考える．

$$y(t) = x(t) + 0.5x(t) + 0.7y(t-1) \tag{9·10}$$

ここで，$t \leq 0$ において $y(t)=0$ とする．式(9·10)の例では，現在の出力が2時刻分の離散入力と1時刻前の出力から求まる．式(9·10)を見やすくするために移項すると

$$y(t) - 0.7y(t-1) = x(t) + 0.5x(t-1) \tag{9·11}$$

となる．先と同じように $y(t)$, $x(t)$ に関する係数をそれぞれ a, $b(a(k):a(0)=1.0,\ a(1)=0.5\,;b(k):b(0)=1.0,\ b(1)=-0.7)$ とし，一般化するために離散入力 $x(t)$ を M 時刻分，過去の出力を N 時刻考慮して式を書きなおすと

$$y(t) = \sum_{k=1}^{N} a(k)y(t-k) + \sum_{k=0}^{M} b(k)x(t-k) \tag{9·12}$$

となる．なお，10章でも述べるが，式(9·12)はIIRディジタルフィルタ（以降，IIRフィルタとする）を表している．さらに，式をみてもわかるように式(9·12)がFIRフィルタの一般式(9·9)を包含していることがわかる．すなわち，式(9·12)はFIR，IIRフィルタ双方を表現可能であり，ディジタルフィルタの一般式と呼ばれている．

〔1〕 z 変換による差分方程式の解き方

連続時間の微分方程式は，ラプラス変換を用いることで解くことができる．一方で差分方程式を解く場合には，z 変換を用いる．たとえば，1次の差分方程式が次のように与えられたとする．

$$y(t) = ay(t-1) + x(t) \tag{9·13}$$

まず，式(9·13)を z 変換すると

$$Y(z) = aY(z)z^{-1} + X(z) \tag{9·14}$$

となる．ここで，$t<0$ において $y(t)=0$ であるから，$Y(z)$ は

$$Y(z) = \frac{1}{1-az^{-1}} X(z) \tag{9·15}$$

となる．$y(t)$ の解は，$Y(z)$ の逆 z 変換により次のように求まる．

$$y(t) = \frac{1}{2\pi j} \oint \frac{z^{t-1}}{1-az^{-1}} X(z) dz \tag{9·16}$$

例として，入力 $x(t)$ が①インパルス，②ステップ，③正弦波のとき，$y(t)$ は

それぞれ次のように計算される．

① インパルスの場合

$X(z)=1$ を式(9・16)に代入して

$$y(t)=\frac{1}{2\pi j}\oint\frac{z^{t-1}}{1-az^{-1}}dz$$
$$=a^n \tag{9・17}$$

② ステップの場合

$X(z)=1/(1-z^{-1})$ を式(9・16)に代入して

$$y(t)=\frac{1}{2\pi j}\oint\frac{z^{t-1}}{(1-az^{-1})(1-z^{-1})}dz$$
$$=\frac{1}{2\pi(1-a)j}\oint\frac{z^t}{z-1}dz-\frac{a}{2\pi(1-a)j}\oint\frac{z^t}{(z-a)}dz$$
$$=\frac{1}{1-a}1^t-\frac{1}{1-a}a^t$$
$$=\frac{1-a^t}{1-a} \tag{9・18}$$

③ 正弦波の場合

$X(z)=1/(1-e^{j\omega\Delta t}z^{-1})$ を式(9・16)に代入して

$$y(t)=\frac{1}{2\pi j}\oint\frac{z^{t-1}}{(1-az^{-1})(1-e^{j\omega\Delta t}z^{-1})}dz$$
$$=\frac{a}{2\pi(a-e^{j\omega\Delta t})j}\oint\frac{z^t}{(z-a)}dz-\frac{e^{j\omega\Delta t}}{2\pi(a-e^{j\omega\Delta t})j}\oint\frac{z^t}{(z-e^{j\omega\Delta t})}dz$$
$$=\frac{a}{a-e^{j\omega\Delta t}}a^t-\frac{e^{j\omega\Delta t}}{a-e^{j\omega\Delta t}}(e^{j\omega\Delta t})^t$$
$$=\frac{a^{t+1}}{a-e^{j\omega\Delta t}}-\frac{e^{j\omega\Delta t}}{a-e^{j\omega\Delta t}}e^{j\omega t\Delta t} \tag{9・19}$$

〔2〕 ディジタルフィルタと差分方程式

先にも述べたが，ディジタルフィルタの一般形は，次式のような差分方程式で記述される．

$$y(t)=\sum_{k=1}^{N}a(k)y(t-k)+\sum_{k=0}^{M}b(k)x(t-k) \tag{9・20}$$

ここで，$t<0$ の領域においては，$x(t)$，$y(t)$ ともに 0 である．また，第 2 項はフィードバックであることから，$M>N$ である．式(9・20)は，システムの出力

が，現在および過去の入力と過去の出力のフィードバックによって求まることを示している．また，係数 a, b がシステムの特性を決定する重要なパラメータとなる．なお，低域通過フィルタ，広域通過フィルタ，帯域通過フィルタなどさまざまな特性のフィルタは，係数 a, b の選び方によって設計できる．なお，式(9・20)において係数 $b(k)=0$ とすることによって，非再帰的なフィルタとなり，FIR フィルタとなる．一方で，$b(k) \neq 0$ となる係数を含むとき，再帰的なフィルタとなり IIR フィルタとなる．なお，式(9・20)を z 変換すると

$$Y(z) = \sum_{k=0}^{M} a(k) X(z) z^{-k} - \sum_{k=1}^{N} b(k) Y(z) z^{-k}$$

$$Y(z) \left\{ 1 + \sum_{k=1}^{N} b(k) z^{-k} \right\} = X(z) \left\{ \sum_{k=0}^{M} a(k) z^{-k} \right\}$$

$$Y(z) = \frac{\sum_{k=0}^{M} a(k) z^{-k}}{1 + \sum_{k=1}^{N} b(k) z^{-k}} X(z) \tag{9・21}$$

となり，この伝達関数は

$$H(z) = \frac{Y(z)}{X(z)}$$

$$= \frac{\sum_{k=0}^{M} a(k) z^{-k}}{1 + \sum_{k=1}^{N} b(k) z^{-k}} \tag{9・22}$$

と求まる．ここで，インパルス応答 $h(t)$ とフィルタ係数 a, b には以下のような関係がある．

$$\sum_{t=-\infty}^{\infty} h(t) z^{-1} = \frac{\sum_{k=0}^{M} a(k) z^{-k}}{1 + \sum_{k=1}^{N} b(k) z^{-k}} \tag{9・23}$$

なお，こうしたディジタルフィルタの特性は係数 a, b によって大きく異なってくる．このため，同特性を次節で述べる周波数応答で評価し，所望のフィルタ特性を求めるために係数の調整を行う．

2 周波数応答

〔1〕 周波数応答とは

　線形時不変となるシステムでは，ある一定の周波数の正弦波を入力したとき，定常状態では出力が入力と同じ周波数の正弦波となる．一方で，出力される正弦波の振幅と位相は，システムの特性によって変化する．こうした，システムに正弦波を入力したときの応答を**周波数応答**と呼ぶ．図9・1に周波数応答の例を示す．

　図9・1は，伝達関数 $H(s)$ で記述されるシステムに，ある周波数 ω の正弦波入力を印加した例である．定常状態において，このシステムの出力は

$$y(t)=|H(j\omega)|\sin\{\omega t + \angle H(j\omega)\} \tag{9・24}$$

となる．式(9・24)は，出力が入力と同じ周波数となり，振幅が $|H(j\omega)|$ 倍，位相が $\angle H(j\omega)$ ずれることを示している．この $|H(j\omega)|$ と $\angle H(j\omega)$ を，それぞれ**振幅特性**，**位相特性**と呼ぶ．ここで，一般に観測される信号は，複数の周波数成分の和で構成されている．したがって，システムの解析を行う際には，システムに単一の周波数を入力した際の，出力信号の振幅特性と位相特性を周波数ごと（ω を変更する）に求め，**周波数特性**（frequency characteristics）を求めることになる．なお，伝達関数 $H(s)$ が周波数領域で表現されている場合，周波数応答は $s=j\omega$ として求めることができる．

　次に，z 変換を用いた周波数特性の求め方を述べる．まず，式(9・25)のような線形時不変システムを考える．

$$y(t)=\sum_{k=-\infty}^{\infty}h(k)x(t-k) \tag{9・25}$$

これを z 変換すると

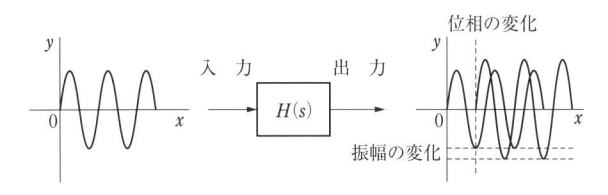

● 図9・1　周波数応答 ●

$$Y(z) = H(z)X(z) \tag{9・26}$$

であり，システムの特性である伝達関数は

$$H(z) = \frac{Y(z)}{X(z)} \tag{9・27}$$

となる．このシステムの周波数特性を求める際には

$$z = e^{j2\pi f \Delta t} \tag{9・28}$$

とすればよい．

ここで $e^{j2\pi f \Delta t}$ は複素数であることから

$$H(e^{j2\pi f \Delta t}) = H_{\text{real}}(e^{j2\pi f \Delta t}) + jH_{\text{imag}}(e^{j2\pi f \Delta t}) \tag{9・29}$$

のように，実部 (H_{real}) と虚部 (H_{imag}) に分けることができる．振幅特性は，実部と虚部の大きさ ($|H(e^{j2\pi f \Delta t})|$) で求まる．

$$|H(e^{j2\pi f \Delta t})| = \sqrt{H_{\text{real}}(e^{j2\pi f \Delta t})^2 + H_{\text{imag}}(e^{j2\pi f \Delta t})^2} \tag{9・30}$$

なお，振幅特性は以下のように電圧利得とすることが多い．

$$\text{電圧利得} = 20 \log_{10}(|H(e^{j2\pi f \Delta t})|) \tag{9・31}$$

また，位相特性は，実部と虚部がなす偏角であるから

$$\angle H(e^{j2\pi f \Delta t}) = \tan^{-1}\left\{\frac{H_{\text{imag}}(e^{j2\pi f \Delta t})}{H_{\text{real}}(e^{j2\pi f \Delta t})}\right\} \tag{9・32}$$

と求まる．

〔2〕 **周波数特性の表現方法** ■ ■ ■

周波数特性を表現する方法には，複素数平面上で $H(e^{j2\pi f \Delta t})$ のベクトルによる表現を行い，このベクトルと周波数 f との関係を示す**ナイキスト線図**，位相と電圧利得をそれぞれ横軸と縦軸に示した**位相-電圧利得図**，対数軸とした横軸を周波数（または，角周波数）として，縦軸を電圧利得，または，位相にとる**BODE 線図**がある．以下では，BODE 線図の説明といくつかの例を示す．

9 章 2 節〔1〕でも述べたが，一般に観測される信号は，複数の周波数成分で構成されることから，これを入力としたときの周波数応答を解析する（周波数特性を求める）ときには，広範な周波数にわたる特性を評価することとなる．BODE 線図では，周波数軸が対数で表現されていることから，こうした特性が見やすくなるという特徴がある．また，振幅特性を BODE 線図で表現することで，電圧利得が $-3\,\text{dB}$ となる遮断周波数を視覚的に確認することができるといった特徴も備えている．

はじめに，周波数領域で表現される微分システムのBODE線図を描いてみる．微分システムは，システムに入力される信号の時間微分を出力するものである．ただし，厳密には，因果律から純粋な微分特性を持つシステムは存在しない．微分システムの伝達関数は，次のように記述される．

$$H_{\text{diff}}(s) = s \tag{9・33}$$

このシステムの周波数応答は，$s = j\omega$ を代入すれば求まるから

$$H_{\text{diff}}(j\omega) = j\omega \tag{9・34}$$

となる．したがって，振幅特性と位相特性は

$$|H_{\text{diff}}(j\omega)| = \omega \tag{9・35}$$

$$\angle H_{\text{diff}}(j\omega) = \tan^{-1}\left(\frac{1/\omega}{0}\right)$$

$$= \tan^{-1}(\infty)$$

$$= \frac{\pi}{2} \tag{9・36}$$

となる．ここで振幅特性を利得表現として

$$|H_{\text{diff}}(j\omega)| = 20\log_{10}(\omega) \tag{9・37}$$

とする．これらの振幅特性と位相特性をBODE線図であらわすと**図9・2**のようになる．

図9・2からもわかるように，微分システムでは低周波数領域では利得が低くなり高周波数領域で利得が大きくなることがわかる．

先の例では周波数領域で記述された伝達関数の周波数特性を求め，その特性をBODE線図で描いた．ここでは，z領域で記述された伝達関数から周波数特性を

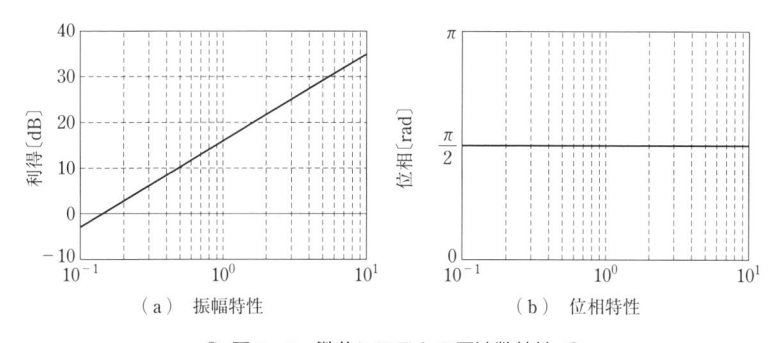

● 図9・2　微分システムの周波数特性 ●

求め，BODE線図を作成する手順を示す．例として，次式のような差分（時間領域では微分に相当する）システムを考えてみる．

$$y(t) = x(t) - x(t-1) \tag{9・38}$$

まず，式(9・34)の z 変換を求める．

$$Y(z) = X(z) - X(z)z^{-1}$$
$$= (1 - z^{-1})X(z) \tag{9・39}$$

このシステムの伝達関数は

$$H(z) = \frac{Y(z)}{X(z)}$$
$$= 1 - z^{-1} \tag{9・40}$$

と求まる．周波数特性を求めるためには，$z = e^{j2\pi f \Delta t}$ とすればよいから，これを代入すると

$$H(e^{-j2\pi f \Delta t}) = 1 - e^{-j2\pi f \Delta t}$$
$$= (1 - \cos 2\pi f \Delta t) + j \sin 2\pi f \Delta t \tag{9・41}$$

となる．したがって，振幅特性と位相特性は，次のようになる．

$$|H(e^{-j2\pi f \Delta t})| = \sqrt{(1 - \cos 2\pi f \Delta t)^2 + (\sin 2\pi f \Delta t)^2}$$
$$= 2 \sin\left(\frac{\omega \Delta t}{2}\right) \tag{9・42}$$

$$\angle H(e^{-j2\pi f \Delta t}) = \tan^{-1}\left\{\frac{\sin 2\pi f \Delta t}{(1 - \cos 2\pi f \Delta t)}\right\} \tag{9・43}$$

これらの周波数特性をBODE線図で示すと次のようになる．振幅特性を利得表現に変換すると

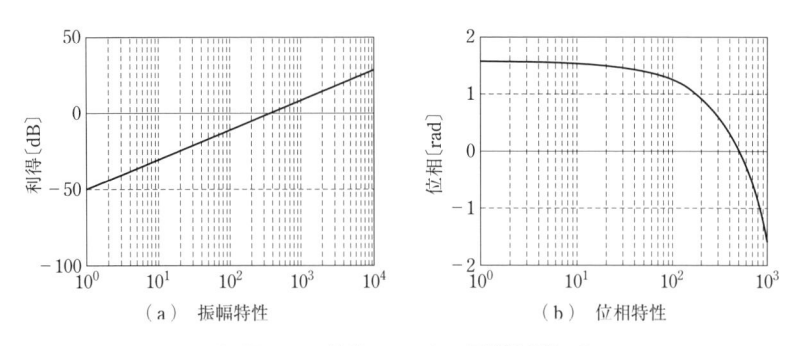

● 図9・3　差分システムの周波数特性 ●

$$|H(e^{-j2\pi f\Delta t})| = 20\log_{10} 2\sin\left(\frac{2\pi f\Delta t}{2}\right) \tag{9・44}$$

となる．振幅特性と位相特性をBODE線図に示すと**図9・3**のようになる．

図9・3からもわかるように，時間領域で差分を計算するシステムは，高い周波数領域になるほど利得が増加することから，高域通過フィルタになることがわかる．

まとめ

○連続時間系で表現されている微分方程式を離散時間系で扱うために差分方程式へ変換する方法を学ぶとともに z 変換によるその解き方を学んだ．
○出力が数点の入力と係数の畳み込みからなるものを差分方程式で表現すると，FIRフィルタとなり，出力が入力だけでなく，過去の出力にも依存（フィードバック）する例では，この差分方程式がIIRフィルタとなる．
○システムの伝達関数性の評価方法として，周波数応答の求め方と，BODE線図による可視化方法を学んだ．

演習問題

問1 2次の差分方程式 $y(t)=a_1 y(t-1)+a_2 y(t-2)+x(n)$ を解け．

問2 積分システム $H(s)=1/s$ の振幅特性と位相特性を求め，BODE線図を描け．

10章
ディジタルフィルタ

　一般に観測される信号は，複数の周波数成分の和で構成されている．こうした観測信号から任意の周波数帯域に該当する信号の削除，または抽出は，フィルタによって実現される．こうしたフィルタは，連続的な信号に用いるアナログフィルタと離散的な信号に用いるディジタルフィルタに分類することができる．一般にアナログフィルタは，抵抗やコンデンサ（キャパシタ）などの回路素子によって構成される．一方で，ディジタルフィルタは，アナログフィルタと同等の特性を持つフィルタをソフトウェア（プログラム）で構築し，連続信号を標本化・量子化した離散信号のフィルタリングを行う．ディジタルフィルタは，ソフトウェアによって構成されることから，パラメータを調整することで，フィルタの特性を容易に変更できる．本章では，ディジタルフィルタの基本的な特徴とその設計方法について解説する．

1 FIR ディジタルフィルタ

　FIR（finite impulse response）**ディジタルフィルタ**（以降，FIR フィルタとする）とは，フィルタのインパルス応答が有限であるものの総称である．フィルタの設計で，フィルタの周波数応答 $A(\omega)$ が与えられたきの時間領域での応答特性，つまり，周波数応答 $A(\omega)$ を離散フーリエ変換し，インパルス応答 $a(t)$ を求めたとき，FIR フィルタでは，このインパルス応答 $a(t)$ が有限長となる．FIR フィルタの主な特徴として，①設計が比較的に容易，②フィルタの安定性が保証される，③インパルス応答がその中心に関して偶対称となる場合，位相特性にひずみが生じないといったことが挙げられる．一方で，欠点として①優れた振幅特性を得るためにはフィルタの次数を高くする必要があることが挙げられる．

　9 章でも少しふれたが，一般的に FIR フィルタは

$$y(t) = \sum_{k=0}^{n-1} a_k \cdot x(t-k) \qquad (10 \cdot 1)$$

で表現される．こうした FIR フィルタをブロック図で表すと**図 10·1** のようにな

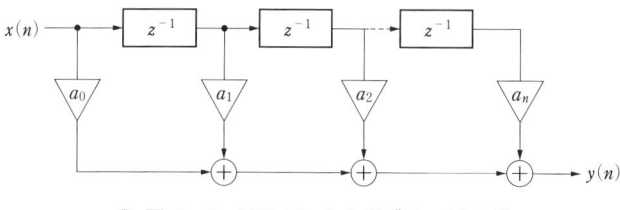

● 図 10・1　FIR フィルタのブロック図 ●

る．なお，FIR フィルタでは，振幅の規格化のため，フィルタ係数 a_k の総和が 1 となる．

FIR フィルタの伝達関数は，式(10・1)を z 変換して

$$\begin{aligned}Y(z)&=a_0X(z)+a_1z^{-1}X(z)+a_2z^{-2}X(z)+\cdots a_{N-1}z^{-(N-1)}X(z)\\&=\{a_0+a_1z^{-1}+a_2z^{-2}+\cdots a_{N-1}z^{-(N-1)}\}X(z)\\&=A(z)X(z)\end{aligned} \tag{10・2}$$

となり

$$\begin{aligned}A(z)&=\frac{Y(z)}{X(z)}\\&=\{a_0+a_1z^{-1}+a_2z^{-2}+\cdots a_{N-1}z^{-(N-1)}\}\\&=\sum_{k=0}^{N-1}a_kz^{-k}\end{aligned} \tag{10・3}$$

と求まる．FIR フィルタの周波数応答は，伝達関数（式(10・3)）において

$$\begin{aligned}z&=e^{jw}\\&=e^{j2\pi f\Delta t}\end{aligned} \tag{10・4}$$

を代入することで求まる．なお，式(10・4)において Δt は標本化間隔である．

$$A(e^{j2\pi f\Delta t})=\sum_{k=0}^{N-1}a_ke^{-jk2\pi f\Delta t} \tag{10・5}$$

例として代表的な FIR フィルタである移動平均フィルタについて考える．移動平均フィルタでは，離散入力信号 $x(t)=\{x(0),x(1),\cdots,x(T-1)\}$ において，任意のデータ点数 (m) の平均値を計算するもので，基準となるデータ点をずらしていくことによりフィルタリングを行う．一般的に m 点の移動平均フィルタは以下の式で表される．

$$y(t)=\sum_{k=0}^{k=m-1}\frac{1}{m}\cdot x(t-k) \qquad (10\cdot6)$$

すなわち，図 10·1 で示した FIR フィルタにおいて遅延演算素子 z^{-1} を m 段考慮し，フィルタの係数 a_n をすべて $1/m$ に置き換えることで移動平均フィルタとなる．移動平均フィルタは，式(10·6)のように後方（時間的には過去）の値を参照するほかに，前方の値を参照する式(10·7)や対称型となる式(10·8)といった表現がある．

$$y(t)=\sum_{k=0}^{k=m-1}\frac{1}{m}\cdot x(t+k) \qquad (10\cdot7)$$

$$y(t)=\sum_{k=-L}^{k=L}\frac{1}{m}\cdot x(t-k) \qquad (10\cdot8)$$

ここで，式(10·8)において $L=m/2$ である．なお，離散観測信号は有限長であることから，移動平均フィルタでは，入力信号の始端と終端，もしくはどちらか片側でフィルタ処理が行われないことに注意が必要である[†]．例として移動平均フィルタによるノイズ除去例を**図 10·2** に示す．

移動平均フィルタでは，各時刻において m 点のデータの平均値を計算するこ

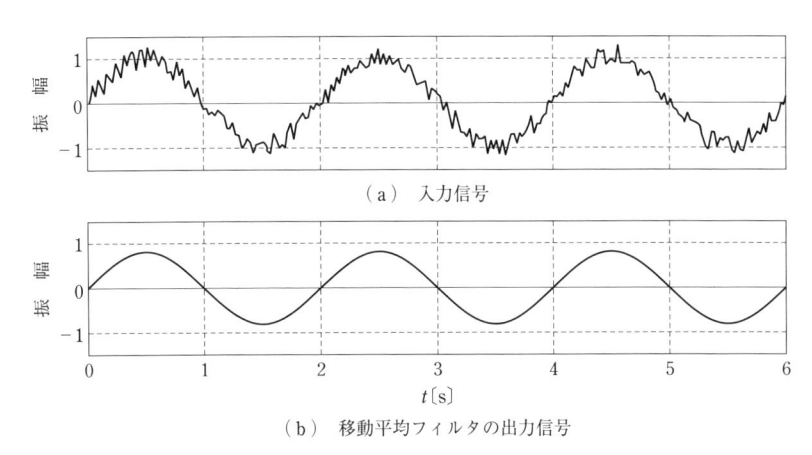

(a) 入力信号

(b) 移動平均フィルタの出力信号

● **図 10·2** 移動平均フィルタによるノイズ除去例 ●

[†] 補間処理などによる補正方法もある．

とで，観測データに含まれる急峻な変動が除去される．このことから，低域通過フィルタに分類され，観測信号のノイズ除去に多く利用される．

移動平均フィルタの周波数特性は，次のように求めることができる．式(10・6)を連続時間で考えると，移動平均は次のようになる．

$$y(t) = \frac{1}{\tau} \int_{t-\tau}^{t} x(t) dt \qquad (10 \cdot 9)$$

一般的に観測される信号は複数の周波数の集合であり，フーリエ変換可能であるから

$$x(t) = \sin 2\pi f t \qquad (10 \cdot 10)$$

として $y(t)$ を計算すると

$$\begin{aligned}
y(t) &= \frac{1}{\tau} \int_{t-\tau}^{t} \sin 2\pi f t \, dt \\
&= \frac{1}{2\pi f \tau} \{\cos 2\pi f(t-\tau) - \cos 2\pi f t\} \\
&= \frac{1}{2\pi f \tau} \{\cos 2\pi f t (\cos 2\pi f \tau - 1) + \sin 2\pi f t \cdot \sin 2\pi f \tau\} \\
&= \frac{1}{2\pi f \tau} \sqrt{2(1 - \cos 2\pi f \tau)} \cdot \sin 2\pi f t \qquad (10 \cdot 11)
\end{aligned}$$

となる．式(6・11)より振幅特性は

$$G = \frac{1}{2\pi f \tau} \sqrt{2(1 - \cos 2\pi f \tau)} \qquad (10 \cdot 12)$$

と求められる．なお，振幅特性は以下の電圧利得として表現されることが多い．

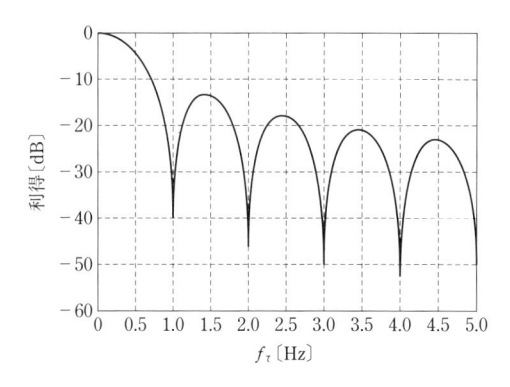

● 図 10・3　移動平均フィルタの振幅特性 ●

$$電圧利得 = 20\log_{10}\left\{\frac{1}{2\pi f\tau}\sqrt{2(1-\cos 2\pi f\tau)}\right\} \quad (10\cdot 13)$$

図10·3に移動平均フィルタの振幅特性をしめす.

図10·3から,移動平均の時間(離散系では m の数)を固定すれば,周波数の増加に伴い信号の減衰量が多くなることがわかる.すなわち低域通過フィルタであることが証明できる.

次に,フィルタ特性を決める遮断周波数は,信号出力の利得が $-3\,\mathrm{dB}$ となる周波数として得られる.したがって

$$\frac{1}{2\pi f_c\tau}\sqrt{2(1-\cos 2\pi f_c\tau)} = \frac{1}{\sqrt{2}} \quad (10\cdot 14)$$

を解くと

$$f_c = 0.433 \quad (10\cdot 15)$$

となる.ここで標本化間隔を Δt とすると,f_c を満たす m は以下のようになる.

$$m = \frac{0.433}{f_c \Delta t} \quad (10\cdot 16)$$

なお,周波数特性を9章で述べたBODE線図を用いて表現することで $-3\,\mathrm{dB}$ となる遮断周波数を視覚的に確認することもできる.

例として式(10·8)を用いて3点の移動平均フィルタを考える.

$$y(1) = \frac{1}{3}x(0)\frac{1}{3}x(1)\frac{1}{3}x(2)$$

$$y(2) = \frac{1}{3}x(1)\frac{1}{3}x(2)\frac{1}{3}x(3)$$

$$\vdots$$

$$y(t-1) = \frac{1}{3}x(t-2)\frac{1}{3}x(t-1)\frac{1}{3}x(t) \quad (10\cdot 17)$$

次に,3点移動平均フィルタの周波数応答は,式(10·5)のフィルタ係数 $a_k = 1/3$ として

$$\begin{aligned}A(e^{j2\pi f\Delta t}) &= \sum_{k=0}^{2}\frac{1}{3}e^{-jk\cdot 2\pi f\Delta t} \\ &= \frac{1}{3} + \frac{1}{3}e^{-j2\pi f\Delta t} + \frac{1}{3}e^{-j4\pi f\Delta t} \\ &= \frac{1+2\cos(2\pi f\Delta t)}{3}e^{-j2\pi f\Delta t}\end{aligned} \quad (10\cdot 18)$$

(a) 振幅特性

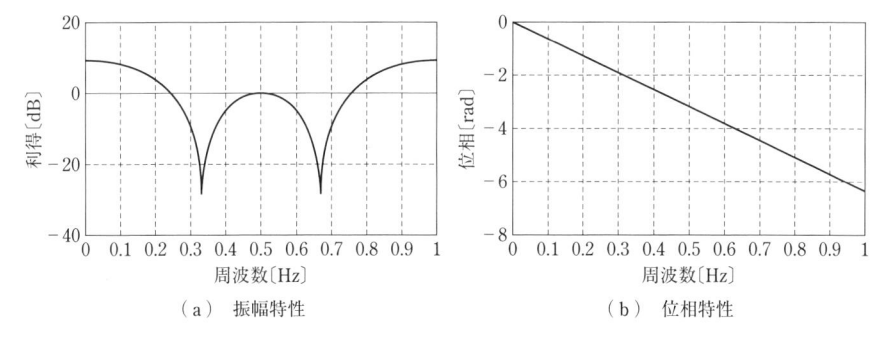

(b) 位相特性

● 図 10・4　3 点移動平均フィルタの振幅特性と位相特性 ●

となり，振幅特性ならびに位相特性はそれぞれ式(10・19)，式(10・20)のように求まる．

$$|A(e^{j2\pi f\Delta t})| = \sqrt{A_{\text{real}}(e^{j2\pi f\Delta t})^2 + A_{\text{imag}}(e^{j2\pi f\Delta t})^2}$$

$$= \left|\frac{1+2\cos(2\pi f\Delta t)}{3}\right| |e^{-j2\pi f\Delta t}|$$

$$= \left|\frac{1+2\cos(2\pi f\Delta t)}{3}\right| \qquad (10\cdot 19)$$

$$\angle A(e^{j2\pi f\Delta t}) = \tan^{-1}\left\{\frac{A_{\text{imag}}(e^{j2\pi f\Delta t})}{A_{\text{real}}(e^{j2\pi f\Delta t})}\right\}$$

$$= -2\pi f\Delta t \qquad (10\cdot 20)$$

例として $f=1.0\,\text{Hz}$ としたときの，3 点移動平均フィルタの振幅特性を**図 10・4**に示す．

2 FIR ディジタルフィルタの設計

FIR フィルタの設計とは，式(10・1)のフィルタ係数 a_k を求めることである．移動平均フィルタにおいて式(10・16)から任意の遮断周波数を満たすように m を決定するのも一種の設計といえる．ここでは**窓関数**（window function）によるフィルタの設計方法について述べる．

まず，周波数応答 $H(\omega)$ が与えられたとする．周波数応答 $H(\omega)$ をフーリエ級数で表すと

10章 ディジタルフィルタ

$$H(\omega) = \sum_{k=-\infty}^{\infty} h(t) e^{-j\omega k\Delta T} \tag{10・21}$$

$$h(t) = \frac{1}{\omega_s} \int_{-\frac{\omega_s}{2}}^{\frac{\omega_s}{2}} H(\omega) e^{j\omega k\Delta T} d\omega \tag{10・22}$$

上式において ω_s は，標本化角周波数 $\omega_s = 2\pi f_s = 2\pi \Delta t$ である．式(10・21)をみると，FIRフィルタのインパルス応答から周波数応答を求める式(10・5)と等価であることがわかる．このことから，$h(t)$ はインパルス応答と等価であるといえる．したがって，伝達関数は

$$H(z) = \sum_{k=-\infty}^{\infty} h(z) z^{-T} \tag{10・23}$$

となる．しかしながら，式(10・23)を見てもわかるように，伝達関数を満たすには無限のフィルタ次数が必要になる．さらに負の領域を持つため因果性を満たさない．これらを解消するため，以下に述べるようなインパルス応答の打ち切りならびに遅延を考慮する．

FIRフィルタのインパルス応答は無限であることから，これを有限にするため，任意の奇数によって以下の式のように打ち切りを行う．

$$h(t) = 0, \, t < \frac{T}{2} \tag{10・24}$$

これにより伝達関数は

$$H(z) = \sum_{k=-\frac{T-1}{2}}^{\frac{T-1}{2}} h(z) z^{-k}$$

$$= h(0) + \sum_{k=1}^{\frac{T-1}{2}} \{h(-t) z^k + h(t) z^{-k}\} \tag{10・25}$$

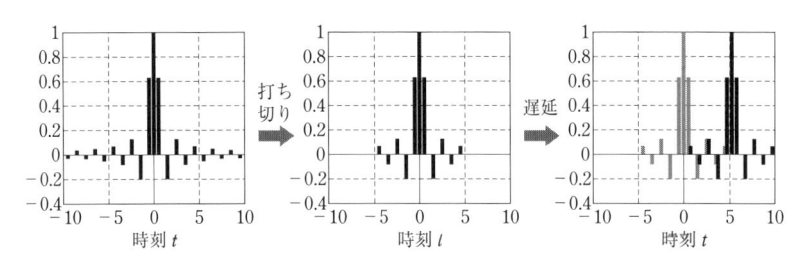

● 図 10・5　インパルス応答の打ち切りと遅延 ●

となる．次に因果性を満たすため負の領域のインパルス応答分だけ遅延を考慮する．これは，$-z(T-1)/2$ を $H(z)$ に乗じることで実現できる．**図 10・5** にインパルス応答の打ち切りおよび遅延の例を示す．

ここで，インパルス応答を有限の範囲で打ち切ってしまうと，図 10・7 に示す周波数応答のように，大きなリプルが生じてしまう．これは，インパルス応答の打ち切りに伴う，不連続性によるもので，**ギブス現象**（Gibbs phenomenon）と呼ばれる．こうしたギブス現象を抑制するために窓関数を適用する．窓関数を適用することで，フィルタの遮断特性をいくぶん犠牲にするものの，リプルを減衰できるため，減衰域での減衰特性が良好になる．窓関数を $w(t)$ とすると，これを適用したフィルタの伝達関数は次のようになる．

$$h_{\text{win}}(t) = h(t) \cdot w(t) \tag{10・26}$$

窓関数の代表的なものとして以下が挙げられる．

① 方形窓（矩形窓：rectangular window）

$$w(t) = 1 \tag{10・27}$$

② ハミング窓（Hamming window）

$$w(t) = 0.54 - 0.46 \cos\left(\frac{2\pi t}{T-1}\right) \tag{10・28}$$

③ ハニング窓（Hanning window）

$$w(t) = 0.5 - 0.5 \cos\left(\frac{2\pi t}{T-1}\right) \tag{10・29}$$

図 10・6 に，ハミング窓およびハニング窓の窓関数を示す．

なお，さきほどの単純な打ち切りは，任意区間で①の方形窓をかけたことと等

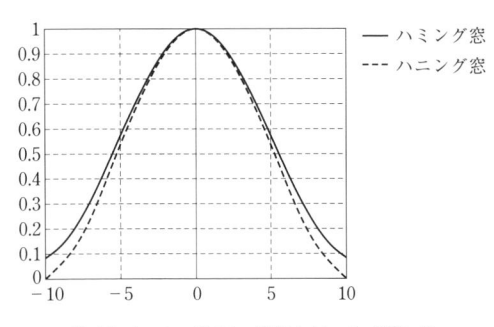

● **図 10・6** ハミング窓とハニング窓 ●

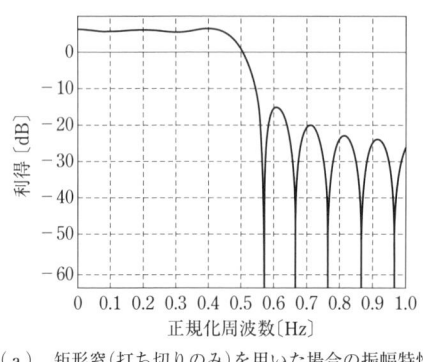

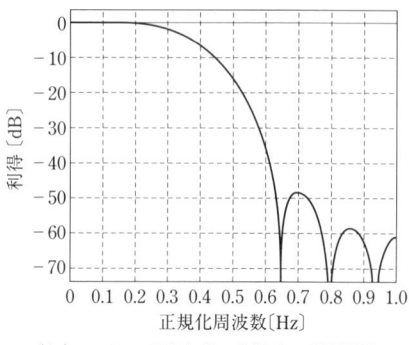

（a） 矩形窓(打ち切りのみ)を用いた場合の振幅特性 　　（b） ハミング窓を用いた場合の振幅特性

● 図 10・7　窓関数有無による振幅特性の違い ●

価であるといえる．図 10・7 に方形窓ならびにハミング窓を適用した際の周波数特性を示す．

図 10・7 からわかるように，ハミング窓を適用すると遮断特性が悪くなるものの，リプルが減衰していることがわかる．

3　IIR ディジタルフィルタ

FIR フィルタが，離散入力信号に対するフィルタのインパルス応答が有限であったのに対して，**IIR**（infinite impulse response）**ディジタルフィルタ**（以降，IIR フィルタとする）は，無限のインパルス応答をもつものである．一般に IIR フィルタは，フィードバックを持つことから，フィルタの周波数特性だけでなく，システムの安定性も考慮して設計する必要がある[†]．一方で，IIR フィルタは FIR フィルタに比べて低いフィルタの次数で同じフィルタ特性を再現できるため，高速かつ低メモリとなり，ハードウェアの負担を軽減できる．

はじめに，次のような無限長インパルス応答によるフィルタリングを考える．ここで，無限長インパルス応答を次のように表す．

$$h(t) = a(t) \cdot u(t) \tag{10・30}$$

ここで，$a(t)$ は，0 でない定数とする．また，$u(t)$ は，0 以上で 1 となる単位ステップ関数である．したがって，この無限長インパルス応答を用いて，離散入

[†] 量子化誤差がフィードバックで累積する問題もある．

3 IIRディジタルフィルタ

力信号 $x(n)$ をフィルタリングすると

$$y(t) = \sum_{m=-\infty}^{m=\infty} a(m)x(t-m)u(m) \tag{10・31}$$

となる．ここで，$u(m)$ が単位ステップ関数であるから

$$y(t) = \sum_{m=0}^{m=\infty} a(m)x(t-m) \tag{10・32}$$

式(10・32)を展開して

$$y(t) = a(0)x(t) + \sum_{m=1}^{m=\infty} a(m)x(t-m) \tag{10・33}$$

さらに，$k=m-1$ として第2項を0から始めるように書き直すと

$$\begin{aligned} y(t) &= x(t) + \sum_{k=0}^{k=\infty} a(k+1)x\{t-(k+1)\} \\ &= x(t) + a\sum_{k=0}^{\infty} a(k)x\{(t-1)-k\} \\ &= x(t) + a \cdot y(t-1) \end{aligned} \tag{10・34}$$

となる．したがって，無限のインパルス応答をシステムは，フィードバックを考慮すると有限の等価式として計算できる．つまり，式(10・34)において初期値 $y(0)$ が決まれば，$y(1), y(2)\cdots$ と順番に計算できる．また，式(10・34)を一般化すると，IIRフィルタは

$$y(t) = \sum_{k=1}^{N} a(k)y(t-k) + \sum_{k=0}^{M} b(k)x(t-k) \tag{10・35}$$

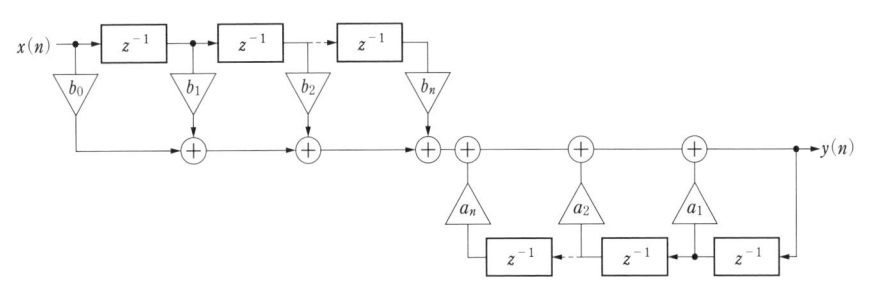

● 図10・8　IIRフィルタのブロック線図 ●

となる．なお，対称性を考慮すると $a(k)=-a(k)$ となる．

式(10·35)の $a(k)$ を0として，フィードバックをなくすと，FIRフィルタとなる．図 **10·8** に IIR フィルタのブロック図を示す．

4 IIR ディジタルフィルタの設計

双一次変換法（bilinear transform）による IIR フィルタの設計法について説明する．同方法は，アナログフィルタで表現された IIR フィルタをディジタルフィルタへ変換するものである．つまり，以下の式により周波数領域 s で表現されたアナログ IIR フィルタの多項式を，以下の式を用いて z 領域で表現する多項式へ変換する．

$$s = \frac{2}{\Delta t} \cdot \frac{1-z^{-1}}{1+z^{-1}} \tag{10·36}$$

ここで，Δt は標本化間隔である．ここで，周波数領域の角周波数は，z 領域で以下となる．

$$\omega_s = \frac{2}{\Delta t} \tan\left(\frac{\omega_z \Delta t}{2}\right) \tag{10·37}$$

以下に，双一次変換法によりフィルタ設計手順をまとめる．
① プロトタイプとなるアナログフィルタの伝達関数を求める．
② 式(10·37)より s 領域での遮断周波数から z 領域での遮断周波数を求める．
③ 式(10·36)により s 領域から z 領域へ変換する．

まとめ

○ FIR フィルタの例題として移動平均フィルタを取り上げた．移動平均フィルタは設計や実装の容易さからさまざまな分野において計測信号のノイズ除去に頻繁に利用されている．
○ IIR フィルタは優れた遮断周波数特性を非常に小さなフィルタ次数で構成できるが，一方では，設計が困難という短所もある．また，双一次変換法による IIR フィルタの設計方法を学んだ．

演習問題

問1 出力が信号の前後の差分 ($y(t)=x(t)-x(t-1)$) により求まる高域通過型の FIR フィルタである差分フィルタの振幅特性と位相特性を導出せよ．

問2 式(10·35)を導出せよ．

問3 式(10·36)を導出せよ．

11章
線形予測法

　過去の観測信号から，将来の信号の値を線形結合で予測する方法を線形予測法（linear prediction）という．ディジタル信号処理の分野において，線形予測法はさまざまな場面で利用されている．たとえば，音声信号の符号化を行う際にも，線形予測符号化として利用される．本章では，まず自己回帰モデルの原理とこれによる信号の予測法について学び，その後，自己回帰モデルの係数の推定方法とモデル次数の決定方法について学ぶ．

1　自己回帰モデルの原理

　自己回帰モデル（AR model : autoregressive model）とは，現在の信号の値を過去の観測信号数点と係数の線形和で表現するものである．すなわち，AR モデルでは定常信号 x がある場合，ある時点の信号値 $x(n)$ を過去の任意の個数（たとえば p 個）の観測値（$x(n-1), x(n-2), x(n-3), \cdots, x(n-p)$）から次の線形結合の式で推定する．

$$x(n) = a_1 x(n-1) + a_2 x(n-2) + \cdots + a_p x(n-p) + e(n)$$
$$= \sum_{k=1}^{p} a_k x(n-k) + e(n) \tag{11・1}$$

　式(11・1)において，係数 a のことを **AR 係数**（autoregressive coefficient）といい，AR 係数の個数 p をモデルの**次数**という．また，最後の項 $e(n)$ は**予測誤差**（residual）である．

　図 11・1 に現在の信号値 $x(n)$ を過去 8 時刻分の信号値から推定する例を示す．図からもわかるように，AR モデルで現在の信号値を予測した場合には，予測誤差が生じる．したがって，この予測誤差を最も少なくなるように AR 係数を決定する必要がある．

〔1〕　**自己回帰係数の推定法**　■■■

　AR モデルによる信号の予測を行う場合，予測誤差が最も少なくなるような

1 自己回帰モデルの原理

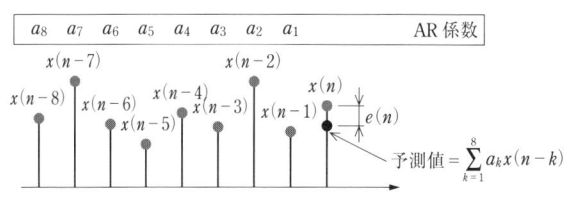

●図11・1 AR モデルの例（$p=8$ とした場合）●

AR 係数を求めることが重要である．こうした場合，平均誤差の二乗を最小化する「最小二乗法（least squares method）」により AR 係数を決定する．まず，平均誤差の二乗 $E\{e^2(n)\}$ は次のように求められる．

$$E\{e^2(n)\}=\sum_{n=1}^{N}e^2(n) \tag{11・2}$$

この平均誤差の二乗を最小にする AR 係数 $(a_1, a_2, \cdots, a_p)$ を求めることになるから，係数に関する偏微分

$$\frac{\partial}{\partial a_k}E\{e^2(n)\}=0$$

を計算することになる．ここで，$e^2(n)$ は

$$e^2(n)=\left\{x(n)-\sum_{k=1}^{p}a_k x(n-k)-e(n)\right\}^2$$

$$=x^2(n)-2\sum_{k=1}^{p}a_k x(n)x(n-k)+\left\{\sum_{k=1}^{p}a_k x(n-k)\right\}\left\{\sum_{m=1}^{p}a_m x(n-m)\right\} \tag{11・3}$$

である．次に，自己相関関数 R_{xx} を用いると式(11・3)は

$$e^2(n)=R_{xx}(0)-2\sum_{k=1}^{p}a_k R_{xx}(k)+\sum_{k=1}^{p}\sum_{m=1}^{p}a_k a_m R_{xx}(k-m) \tag{11・4}$$

となる．これを AR 係数 a について最小化するわけであるから

$$\frac{\partial}{\partial a_k}E\{e^2(n)\}=-2R_{xx}(k)+2\sum_{m=1}^{p}a_m R_{xx}(k-m)=0$$

$$-2R_{xx}(k)+2\sum_{m=1}^{p}a_m R_{xx}(k-m)=0 \tag{11・5}$$

となる．すなわち

$$\sum_{k=1}^{p} a_m R_{xx}(k-m) = -R_{xx}(k) \quad k=1,2,3,\cdots,p \tag{11・6}$$

を解けば AR 係数が求まる．

次に AR モデルの式(11・6)を行列式で表すと次のようになる．

$$\begin{bmatrix} R_{xx}(0) & R_{xx}(1) & R_{xx}(2) & \cdots & R_{xx}(p-1) \\ R_{xx}(1) & R_{xx}(0) & R_{xx}(1) & \cdots & R_{xx}(p-2) \\ R_{xx}(2) & R_{xx}(1) & R_{xx}(0) & \cdots & R_{xx}(p-3) \\ \vdots & \vdots & \vdots & \ddots & \vdots \\ R_{xx}(p-1) & R_{xx}(p-2) & R_{xx}(p-3) & \cdots & R_{xx}(0) \end{bmatrix} \begin{bmatrix} a_1 \\ a_2 \\ a_3 \\ \vdots \\ a_p \end{bmatrix} = \begin{bmatrix} R_{xx}(1) \\ R_{xx}(2) \\ R_{xx}(3) \\ \vdots \\ R_{xx}(p) \end{bmatrix} \tag{11・7}$$

式(11・7)は，対称，かつ対角要素がすべて等しい**テプリッツ型の行列**（Toeplitz matrix）であり，**正規方程式**（normal equation）や**ユール・ウォーカー方程式**（Yule-Walker equation）と呼ばれる．

なお，予測誤差に関しては，誤差 $e(n)$ と信号 $x(n-k)$ が，モデル次数の範囲 ($1 \leq k \leq p$) において無相関となる．すなわち，$e(n)$ と $x(n)$ が無相関ということは，予測誤差が

$$e(n) = x(n) - \sum_{k=1}^{p} a_k x(n-k) \tag{11・8}$$

となることを示している．このとき，右辺第 2 項は予測誤差に相関がある部分を表している．また，十分に大きなモデル次数を用いる場合には，予測誤差が白色雑音となる．つまり，$k \geq 1$ では

$$E[e(n)e(n-k)] = E[e(n)x(n-k)] + \sum_{m=1}^{p} a_m x(n-k-m)$$

$$= E[e(n)x(n-k)] + \sum_{m=1}^{p} a_m E[e(n)x(n-k-m)]$$

$$= 0 \tag{11・9}$$

となる．また，$k=1$ では

$$E[e(n)^2] = R_{xx}(0) + 2\sum_{k=1}^{p} R_{xx}(k) + \sum_{k=1}^{p}\sum_{m=1}^{p} a_k a_m R_{xx}(k-m) \tag{11・10}$$

となる．式(11・9)に式(11・6)を代入すると

$$E[e(n)^2] = R_{xx}(0) + \sum_{k=1}^{p} a_k R_{xx}(k) \qquad (11\cdot 11)$$

となる.なお,式(11·10)の右辺を σ_p^2 とし,式(11·8)と式(11·11)から

$$R_{ee}(k) = E[e(n)e(n-k)] = \begin{cases} \sigma_p^2 & (k=0) \\ 0 & (k \neq 0) \end{cases} \qquad (11\cdot 12)$$

となることから,$e(n)$ は白色雑音であることがわかる.

さて,AR 係数を求めるためには,式(11·7)の Yule-Walker 方程式を解けばよいが,そのためには,**自己相関関数**(auto correlation function)の計算が必要となる.この自己相関関数の計算では,AR モデルの次数 p が多くなると,演算量も大きくなってしまう問題がある.また,予測に用いるモデルの次数が少ない場合では,AR モデルによる予測値に誤差が大きく乗ってしまう.こうした問題に対して,次の二つの方法が代表的な Yule-Walker 方程式の解法として提案されている.

① Levinson-Durbin 法(別名,Yule-Walker 法)
② Burg 法

①の Levinson-Durbin 法では自己相関関数を用いて AR 係数を求めるのに対して,②の Burg 法は自己相関関数を用いず,観測値から直接 AR 係数を求めるのが特徴である.ここで,Levinson-Durbin 法においては,自己相関関数の計算が必要であることから,観測信号のサンプル数が有限となる信号では,観測信号区間よりも外の信号を 0 とする,もしくは観測信号を周期信号と仮定するなど工夫が必要となり,これが推定値の誤差につながる問題がある.したがって,本書では,②の Burg 法による AR 係数の求め方について解説する.Levinson-Durbin 法による AR 係数の求め方については,他書を参考にされたい.

(1) Burg 法による AR 係数の推定

先にも述べたが,Burg 法による AR 係数の推定では,自己相関関数を計算しない.その代わりに,前向き予測誤差と後ろ向き予測誤差という概念を用い,こうした誤差を最小化するように AR 係数を推定する.はじめに,p 次の AR モデルにおける前向き予測誤差と後ろ向き予測誤差は,それぞれ式(11·8),式(11·9)のように表される.

$$e_f^{(p)}(n) = x(n) + \sum_{n=1}^{p} a_k^{(p)} x(n-k) \quad (n=p, p+1, \cdots, N-1) \qquad (11\cdot 13)$$

11章 線形予測法

$$e_b^{(p)}(n) = x(n-1) + \sum_{n=1}^{p} a_k^{(p)} x(n-p+k) \quad (n=p, p+1, \cdots, N-1) \quad (11\cdot14)$$

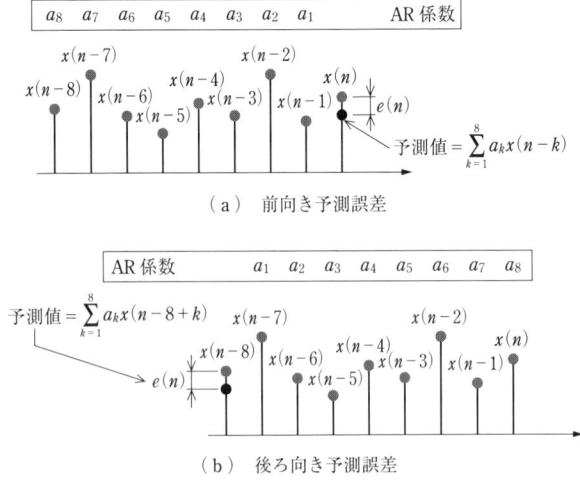

前向き予測誤差と後ろ向き予測誤差についてまとめたものを**図 11·2** に示す. 前向き予測誤差は, 式(11·13)ならびに図 11·2(a)を見てもわかるように, ある時点の信号値を過去の観測値を用いて予測する, すなわち予測に用いる信号の時間軸方向（時間的な流れ）が「過去→未来」となるような予測で生じる際の誤差のことである. 一方で, 後ろ向き予測誤差は, 式(11·14)ならびに図 11·2(b)のように, ある過去の信号値をそれよりも未来の信号値により予測する, すなわち予測に用いる信号の時間軸方向が「未来→過去」となるような予測で生じる際の誤差のことである.

次に, 以下のように定義される反射係数

$$c_p = a_p^{(p)}$$
$$a_k^{(p)} = a_k^{(p-1)} + c_p a_{p-k}^{(p-1)} \quad (k=1, 2, \cdots, p-1) \quad\quad (11\cdot15)$$

を用いて式(11·8)の前向き予測誤差と, 式(11·9)の後ろ向き予測誤差を書き表すと, それぞれ

$$e_f^{(p)}(n) = e_f^{(p-1)}(n) + c_p e_b^{(p-1)}(n-1) \quad\quad (11\cdot16)$$
$$e_b^{(p)}(n) = e_b^{(p-1)}(n) + c_p e_f^{(p-1)}(n-1) \quad\quad (11\cdot17)$$

（a） 前向き予測誤差

（b） 後ろ向き予測誤差

● 図 11·2　前向き予測誤差と後ろ向き予測誤差 ●

となる．このとき，先の最小二乗法の概念から，前向き予測誤差と後ろ向き予測誤差の平均二乗和を最小にすることを考える．すなわち，前向き予測誤差と後ろ向き予測誤差の平均二乗和は

$$\frac{1}{2}\frac{\sum_{n=p}^{N-1}\{e_f^{(p)}(n)\}^2+\{e_b^{(p-1)}(n)\}^2}{N-p} \tag{11・18}$$

となるから，これを満たすように反射係数を求めると

$$c_p=-\frac{2\sum_{n=p}^{(p-1)}e_f^{(p-1)}(n)\cdot e_b^{(p-1)}(n-1)}{\sum_{n=p}^{N-1}\{e_f^{(p-1)}(n)\}^2+\{e_b^{(p-1)}(n-1)\}^2} \tag{11・19}$$

となる．なお，式(11・19)を漸化式で解くことで AR 係数を求める．

2 自己回帰モデルの次数の決定法

AR モデルを用いて信号の予測を行う際に，モデルの次数 p をどのように決めるかという問題がある．Yule-Walker 方程式のところでも述べたが，次数が低い場合は，いくら AR 係数をうまく求めても AR モデルで予測した値に誤差が乗ってしまう．一方で次数を高くすると，モデルの当てはまりがよくなり予測精度は向上する．こうしたことから，AR モデルを用いた予測では最適な次数よりも高い次数のモデルを選びがちである．しかしながら，むだに高次数の AR モデルを用いると自己相関関数計算の演算量が増加することや AR 係数の重複（AR 係数のむだ）などが生じモデルの安定性が低下するといった問題がある．こうした問題に対して，最適な AR モデルの次数を決定するために最終予測誤差を基準にする方法，**赤池の情報基準量**（AIC：Akaike information citation）を用いる方法などいくつか解決策が提案されている．AR モデルを用いた予測ではこうした基準が最小になるようにモデル次数を選ぶことが多い．以下では AIC について簡単に説明する．

AR モデルの次数決定を行う際の AIC は次のようになる．

$$\mathrm{AIC}=N+N\cdot\ln(2\pi\sigma_p^2)+2(p+1) \tag{11・20}$$

式(11・20)において σ_p^2 はモデル次数 p における予測誤差の分散である．また，N は，離散信号（データ）の個数である．先にも述べたようにモデル次数 p が

高くなれば，この予測誤差の分散 σ_p^2 は小さくなる．最適な次数の AR モデルは，AIC が最小となるように次数 p を決めることで得ることができる．AIC を用いたモデル次数の決定手順をまとめると

① AIC を計算する AR モデル次数の範囲を決定する．
② 各モデル次数で Yule-Walker 方程式を解き，AR 係数を推定する．
③ 各モデル次数で AIC を計算する．
④ 最も AIC が小さくなる次数の AR モデルを用いる．

となる．

3 自己回帰モデルの安定性

ある信号が存在する場合，信号の確率分布が時間や位置に依存するか否かを表現する項目に**定常性**（stationarity）というものがある．たとえば観測した信号が，信号の初期値に依存して変化する場合，この信号には定常的でないことになる．逆に，信号が初期値に依存しない，もしくは，初期値の影響が時間の推移とともに無視されるような場合，信号が定常的であるという．AR モデルによる信号の予測においてもこの定常性について考える必要がある．すなわち，先の信号の場合と同様に，定常性を持たない AR モデルでは，初期値に依存して予測される信号が変わってしまうことになる．以下では，AR モデルの定常性を満足する条件の求め方について説明する．

AR モデルが定常性となる条件を求めるには，まずその特性方程式を求める必要がある．今，式(11·21)のような p 個の AR モデルがあったとしよう．

$$x(n) = \sum_{k=1}^{p} a_k x(n-k) + e(n) \tag{11·21}$$

この次数 p の AR モデルの特性方程式は，次のようになる．

$$a(m) = 1 - (a_1 m + a_2 m^2 + \cdots + a_p m^p) \tag{11·22}$$

AR モデルが定常となるためには，上式の特性方程式において，その解の絶対値がすべて 1 よりも大きくなる範囲を選べばよい．なお，特性方程式の解の絶対値がすべて 1 より大きいことは，固有値がすべて 1 より小さいことを示している．

例として $p=1$ のときを考える．$p=1$ としたときの AR モデルは

$$x(n) = a_0 + a_1(n-1) + e(n) \tag{11・23}$$

となる．これを逐次代入の考え方で書き直すと

$$\begin{aligned}
x(n) &= a_0 + a_1(n-1) + e(n) \\
&= a_0 + a_1\{a_0 + a_1 x(n-2) + e(n-1)\} + e(n) \\
&= a_0(1+a_1) + a_1^2 x(n-2) + \{e(n) + a_1 e(n-1)\} \\
&= a_0(1+a_1) + a_1^2\{a_0 + a_1 x(n-3) + e(t-1)\} + \{e(n) + a_1 e(n-1)\} \\
&= a_0(1+a_1+a_1^2) + a_1^3 x(n-3) + \{e(n) + a_1 e(n-1) + a_2 e(n-2)\} \\
&\quad \vdots
\end{aligned}$$

$$= a_0 \sum_{k=1}^{N} a_1^{k-1} + a_1^N x(n-k) + \sum_{k=1}^{N} a_1^{k-1} e(n-k+1) \tag{11・24}$$

となる．ここで $p=1$ としたときの特性方程式は

$$a(m) = 1 - a_1 m \tag{11・25}$$

であり，$1 - a_1 m = 0$ としたときの解

$$m = \frac{1}{a_1} \tag{11・26}$$

の絶対値が1よりも大きくなるとき，定常性があることになる．すなわち，$-1 < a_1 < 1$ となるとき N が十分に大きければ，式(11・9)の第2項は0に収束する．また，式(11・24)の第1項および第3項は n に依存しない定数に収束する．

まとめ

○自己回帰モデルによる信号値を予測する原理について述べるとともに，同モデルは Yule-Walker 方程式で記述できた．また，自己回帰モデルの係数は，最小二乗法により決定できることを学習した．
○自己相関関数の計算を必要としない Burg 法による自己回帰モデル係数の推定法と AIC 基準に基づく自己回帰モデル次数の決め方を学習した．

演習問題

問1 次の AR モデルが定常となる（定常性を持つ）係数 a を求めよ．
$$x(t) = 1 + 0.7 x(t-1) + a x(t-2) + e(t)$$
問2 式(11・20)に示した AIC のうち，AR モデルに関する部分を示せ．

12章

線形予測法による周波数分析

　6章では，離散フーリエ変換（DFT）を用いて，信号の周波数分析，すなわちスペクトルを計算する方法を解説した．一方で，信号のスペクトルは，線形予測法（ARモデル）によっても計算することができる．以下では，ARモデルによる信号のスペクトル計算方法について解説するとともに，DFTによって求めたスペクトルとの差異について説明する．また，音声信号処理を例に，線形予測法による周波数分析の実例を紹介する．

1 自己回帰モデルによるパワースペクトルの推定

　ここでは，ARモデルの係数やモデル次数が推定されているものとし，こうしたモデルパラメータからパワースペクトルを推定する方法について述べる．はじめに，式(11·1)のARモデルのz変換を考える．ARモデルは，式(11·1)の

$$x(n)=\sum_{k=1}^{p}a_k x(n-k)+e(n)$$

であり，z変換すると

$$X(z)=\sum_{k=1}^{p}a_k z^{-k}X(z)+E(z)$$

$$=\frac{E(z)}{1+\sum_{k=1}^{p}a_k z^{-k}} \qquad (12·1)$$

となる．ここで，周波数スペクトルは

$$z=e^{j2\pi fT_s} \qquad (12·2)$$

とすることで求まる．なお，T_sは標本化周期である．したがって，式(12·1)に式(12·2)を代入すると

$$X(e^{j2\pi fT_s})=\frac{E(e^{j2\pi fT_s})}{1+\sum_{k=1}^{p}a_k e^{-j2\pi fkT_s}} \qquad (12·3)$$

となる．ここで，ARモデルの予測誤差$e(n)$が以下のように，平均0，分散σ_p^2

の白色雑音であると仮定する．

$$|E(e^{j2\pi fT_s})|^2 = \sigma_p^2 T_s \tag{12・4}$$

したがって，$x(n)$ のパワースペクトルは

$$X^2(f) = \left| \frac{1}{1 + \sum_{k=1}^{p} a_k e^{-j2\pi f k T_s}} \right|^2 \cdot \sigma_p^2 T_s \tag{12・5}$$

と求まる．

例として，**図 12・1** に示した信号のパワースペクトルを AR モデルで推定することを考える．図 12・1 に示した信号は，式(12・6)のように，三つの異なる周波数 ($f_1=15\,\text{Hz}, f_2=40\,\text{Hz}, f_3=75\,\text{Hz}$) とノイズによって生成したものである．なお，標本化周波数は，1 kHz とした．

$$x(t) = \sin(2\pi f_1 t) + \sin(2\pi f_2 t) + \sin(2\pi f_3 t) + \text{ノイズ成分} \tag{12・6}$$

この信号のパワースペクトルを AR モデルで求める手順としては，11 章で解説した AIC を考慮して以下のように行う．

① AIC を計算する AR モデルの次数の範囲を決定する．
② AR 係数を推定し AIC を計算する．
③ AIC が最小となるときに AR モデルからパワースペクトルを計算する．

なお，上記手順の内，②の AR 係数の推定では，**Yule-Walker 法**と **Burg 法**の 2 種類の方法を用い，その結果を比較する．

図 12・2(a)は，図 12・1 の正弦波信号に対してモデル次数 50～150 からなる AR モデルを構成し，Burg 法を用いて信号の AR 係数の推定し，パワースペクトルを求めたものである．各モデル次数における AIC は 11 章で述べた計算式を

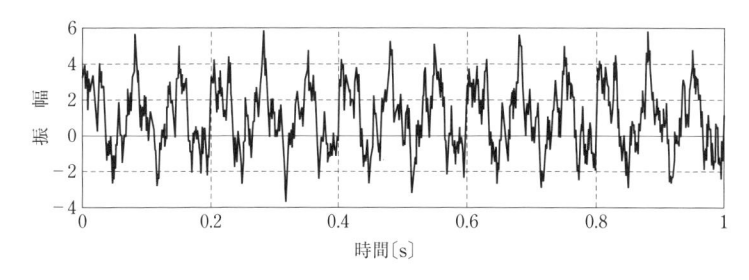

● **図 12・1　正弦波信号** ●

15 Hz，40 Hz，70 Hz の正弦波の合成波に，ノイズを重畳して構成．

12章　線形予測法による周波数分析

(a) Burg 法で推定した場合　　(b) Yule-Walker 法で推定した場合

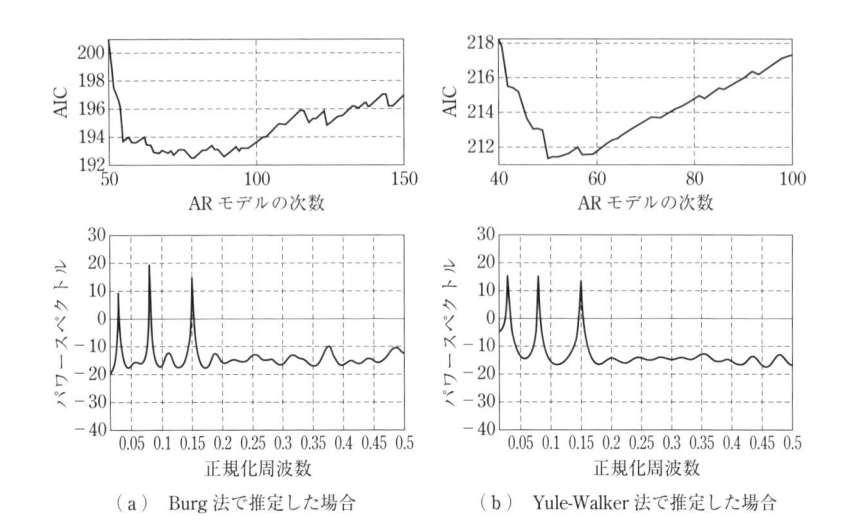

● 図 12・2　AR 係数の推定方法によるパワースペクトルの違い ●

上段は，各モデル次数の AIC，下段はパワースペクトルを示している．なお，パワースペクトルにおいて実線は AIC が最小となる AR モデルで計算したものである．

用いた．一方で，図 12・2(b)は，同様の信号に対してモデル次数 40〜100 の AR モデルを構成し，Yule-Walker 法を用いて AR 係数の推定ならびにパワースペクトルの計算を行ったものである．それぞれを比較してみると，図 12・1 の信号に対しては，Yule-Walker 法では，Burg 法よりも低いモデル次数で AIC が最小となる．一方で，AIC の最小値は Burg 法を用いた場合のほうが低くなる（図 12・2 上段）．また，図 12・2 下段のように，それぞれの方法で AR モデルの係数推定を行い，パワースペクトルを求めたところ，Burg 法を用いた場合は，信号を構成する周波数帯域に相応するパワースペクトルが急峻になるのに対して，Yule-Walker 法では同周波数帯域のパワースペクトルが緩やかになっていることがわかる[†]．

2　離散フーリエ変換との比較

ここでは，AR モデルを用いて信号のパワースペクトルを求め，DFT により

[†] 推定されるスペクトルはモデル次数に依存することに注意．

求めたものと比較する．比較例を示す前に，まず，AR モデルと DFT でパワースペクトルを求める場合の特徴についてまとめる．信号のパワースペクトルを DFT で求める場合
- AR モデルに比べて計算時間が短い
- モデルを利用しないため処理が簡易である

という特徴がある．一方で
- スペクトルの分解能が信号の長さ（データ長）に依存する
- スペクトル推定のばらつきが大きい
- フレーム化処理された信号など，不連続性を含む信号の場合，推定されるスペクトルに誤差が発生する

といった問題もある．一方で，信号のパワースペクトルを AR モデルで求める場合は
- DFT で問題となっていた信号の不連続性による問題が生じない
- 信号の長さに非依存で高いスペクトル分解能が得られる
- スペクトル推定のばらつきが小さく，滑らかなスペクトルが得られる

といった特徴があるが，問題点として
- DFT に比べて計算時間が長い

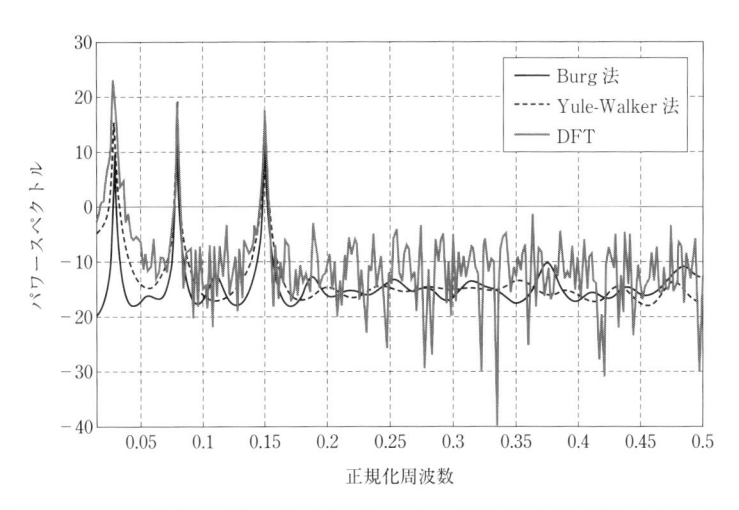

● **図 12・3　DFT で求めたパワースペクトルと AR モデルで求めたパワースペクトル** ●

- 得られるスペクトルがモデル次数に依存する
- モデル次数の決定が困難である

ということがある．

例として，図12·1で用いた信号に対してDFTでパワースペクトルを推定し，図12·2下段に示したARモデルのものと比較してみる．

DFTを用いて推定したパワースペクトルでは，信号を構成する主周波数成分が求まるものの，その他の周波数帯に不要な不規則振動が生じることがわかる．一方で，ARモデルを用いて推定したパワースペクトルでは，DFTとは異なり，不要な不規則信号が取り除かれ，滑らかなパワースペクトルが推定できていることがわかる．

3 線形予測法による周波数分析の実例

線形予測法による周波数分析の代表的な例として，音声信号処理があげられる．音声信号は，時間的に特性が変化する時変信号である．以下では，線形予測法による周波数分析の理解を深めることを目的に，音声信号を処理する過程を説明する．

先にも述べたように，音声信号は時間とともに変化する時変信号である．したがって，録音した音声信号すべてに，ARモデルを当てはめて信号の予測を行っても，音声信号の特徴を反映したARモデルが求まるだけで，「ア」や「イ」などの個別の音韻を識別することは不可能である．こうしたことから，時変信号を解析する場合には，まず任意の区間（音声信号処理では20〜40 msとすることが多い）の信号の切り出しを行う．その後，切り出した信号に対して，ARモデルの当てはめを行い，スペクトルの推定を行う．こうした処理を，切り出しの開始位置をずらしながら繰り返し行い，全体の時変信号を解析することが多い．離散フーリエ変換を用いて周波数分析を行う場合も同様で，時変信号全体のDFTを計算しても，信号の周波数分布が求まるだけである．したがって，ARモデルによる場合と同様に任意区間のDFTを計算しスペクトルを求め，同様に切り出し位置を変えながら繰り返し計算を行う．こうした解析手順のうち，任意の区間信号の切り出しのことを**フレーム化処理**という．また，フレーム化処理の開始位置を変えながら切り出した信号の周波数分析を行うことを**短時間スペクトル分析**という．このときの各フレームに対するスペクトルを**短時間スペクトル**といい，

時変信号全体に対する短時間スペクトルを**ランニングスペクトル**という．なお，10章でも述べたように，フレーム化処理を行う際は，切り出しによる信号の不連続性（切り出し点において信号の変化が急峻となる）を低減するためにハミング窓，ハニング窓を用いた窓枠処理が施される．また，DFT を用いてスペクトルを用いる場合は，FFT を適用できるように 2 の N 乗となるようにフレーム化処理を行うことが多い．

以下に，時変信号処理の過程を述べると
① スペクトル分析を行う区間を決める（40～60 ms とすることが多い）：フレーム化処理
② 切り出した信号に対して窓枠処理を行う
③ フレーム化した時変信号の周波数分析を行い（AR モデル，または DFT），短時間スペクトルを求める
④ フレーム化処理の開始位置を変更し，②を繰り返す
⑤ ③，④で求まったランニングスペクトルの特徴を分析する
となる．

ここで，12章2節でも説明したように，DFT を用いて信号のスペクトルを求める場合は，信号のデータ長に比例してその精度が異なってくる．すなわち，スペクトルの誤差や，スペクトルの分解能がデータ長に依存する．したがって，フレーム化処理によって，解析に用いるデータが短くなるような際には，DFT によるスペクトル計算を行うとスペクトル誤差が多くなり，スペクトル分解能も低くなる．こうしたことから，フレーム化処理が関わるような時変信号の解析では，AR モデルを用いることが多い．

例として，「イ，エ，ア，オ，ウ」という男性の音声を 44.1 kHz で記録した音声信号（図 12·4（a））の解析例を示す．図 12·4（b）は（a）の音声信号に対して，5 ms 毎に信号を 40 ms でフレーム化処理し，そのスペクトルを計算したものである．各音韻区間に対応したランニングスペクトルを見てもわかるように，それぞれの音韻に対して異なるスペクトルの推移が確認できる．音声信号処理では，こうした特徴を用いて，音韻の識別などを進める．こうした音声信号のランニングスペクトル（スペクトルの推移）ののことを**声紋**（ソナグラム，sonagram）と呼ぶ．実際には，振幅スペクトルに対数をかけて再度 DFT をかけたケプストラム（cepstrum）を用いることも多い．

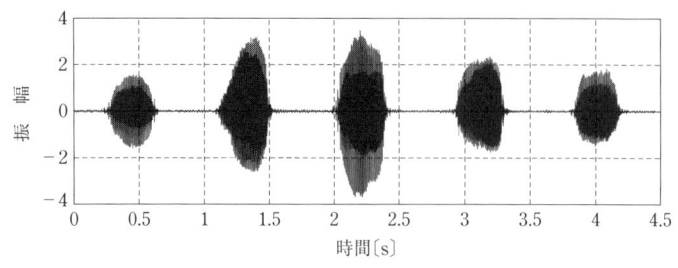

12章　線形予測法による周波数分析

（a）　音声データ（左から：イ，エ，ア，オ，ウ）

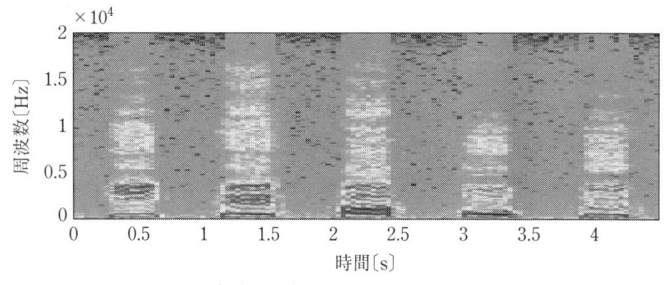

（b）　音声データの短区間スペクトル

● **図 12・4　線形予測法を用いた音声信号の解析例** ●

（b）は，各フレームで計算したスペクトル（縦軸）を疑似カラーで示したものである．なお，濃淡はスペクトルの強さを表している．

まとめ

○自己回帰モデルによるパワースペクトル推定では，DFT に比べて主周波数以外にみられる不規則振動が低減され，推定のばらつきが小さく，滑らかなスペクトルを求めることができた．

○時変信号の解析では，切り出し位置を変えながら信号のフレーム化処理を行い，各フレームで信号のスペクトルを計算することで，短区間スペクトル求めることを学習した．

○フレーム化処理を伴うような解析においては，フレームのデータ長によって，DFT または，AR モデルを用いたスペクトル計算を使い分けることを学習した．また，FFT の適用を考慮して，フレームの長さを 2 の N 乗とすることを述べた．

演習問題

問1 任意のノイズを加えた 10 Hz の正弦波信号を計算機上で作成し，DFT および AR モデルによってそのスペクトルを求めよ．なお，標本化周波数は 1 kHz とする．

問2 各個人の計算機において 44.1 kHz で音声を録音し，そのランニングスペクトルを求めよ．

参考図書

■ 1 章 ■

[1] 岩田彰：ディジタル信号処理，コロナ社（1995）
[2] 江原義郎：ユーザーズ　ディジタル信号処理，東京電機大学出版局（1991）
[3] 坂巻佳壽美：見てわかるディジタル信号処理，工業調査会（1998）
[4] 貴家仁志：ディジタル信号処理，昭晃堂（1997）

■ 2 章 ■

[1] 江原義郎：ユーザーズ　ディジタル信号処理，pp.27-39，東京電機大学出版局（1991）
[2] 中村尚五：ビギナーズ　ディジタル信号処理，pp.140-155，東京電機大学出版局（1989）
[3] 雨宮好文 監修，佐藤幸男：メカトロニクス入門シリーズ　信号処理入門　改訂2版，pp.19-26，オーム社（1999）

■ 3 章 ■

[1] 中村尚五：ビギナーズ　ディジタル信号処理，pp.156-168，東京電機大学出版局（1989）
[2] 臼井支朗，池谷和夫：計測処理に適した低次の低域微分アルゴリズムとその評価，電子情報通信学会論文誌 D, Vol. J61-D, pp.850-857（1978）

■ 4 章 ■

[1] 江原義郎：ユーザーズ　ディジタル信号処理，p.31，東京電機大学出版局（1991）
[2] 栗屋隆：データ解析　アナログとディジタル　改訂版，学会出版センター（1991）
[3] 日本生体医工学会 監修：生体計測学，pp.1-26，コロナ社（2009）

■ 5 章 ■

[1] 江原義郎：ユーザーズ　ディジタル信号処理，pp.39-47，東京電機大学出版局（1991）
[2] 坂巻佳壽美：見てわかるディジタル信号処理，pp.160-188，工業調査会（1991）

［3］ 日本生体医工学会 編，佐藤俊輔，吉川昭，木竜徹：生体信号処理の基礎，pp. 29-44，コロナ社（2004）

■ 6 章 ■

［1］ 島田正治，伊藤良生，張熙，安川博，田口亮，岩橋政宏：ディジタル信号処理の基礎，pp. 36-72，コロナ社（2006）

■ 7 章 ■

［1］ 樋口龍雄，川又政征：MATLAB対応ディジタル信号処理，pp. 66-75，昭晃堂（2000）
［2］ 江原義郎：ユーザーズ ディジタル信号処理，pp. 97-106，東京電機大学出版局（1989）

■ 8 章 ■

［1］ 樋口龍雄，川又政征：MATLAB対応ディジタル信号処理，pp. 66-75，昭晃堂（2000）

■ 9 章 ■

［1］ 岩田彰：ディジタル信号処理，コロナ社（1995）
［2］ 樋口龍雄：ディジタル信号処理の基礎，昭晃堂（1986）
［3］ 大橋常道：微分方程式・差分方程式入門—Dynamical Systemsへのいざない—，コロナ社（2007）

■ 10 章 ■

［1］ 萩原将文：電子情報通信工学シリーズ ディジタル信号処理，森北出版（2001）
［2］ 臼井支朗：インターユニバーシティ 信号解析，オーム社（1998）
［3］ 岩田彰：ディジタル信号処理，コロナ社（1995）
［4］ 坂巻佳壽美：見てわかるディジタル信号処理，工業調査会（1998）
［5］ 樋口龍雄：ディジタル信号処理の基礎，昭晃堂（1986）
［6］ 貴家仁志：ディジタル信号処理，昭晃堂（1997）

■ 11章 ■

［1］ 江原義郎：ユーザーズ ディジタル信号処理，東京電機大学出版局（1991）

■ 12章 ■

［1］ 古井貞熙：ディジタルテクノロジーシリーズ ディジタル音声処理，東海大学出版会（1985）

演習問題解答

■1章■

問1 標本化定理から，$21.1077 \times 2 = 42.2154$ kHz 以上の標本化周波数を用いる．

問2 $2^4 - 1$ の 15 段階で量子化することになるので，量子化幅は
$$20 \div (2^4 - 1) = 1.33 \text{ V}$$
また，最大量子化誤差は量子化幅の半分であるので
$$1.33 \div 2 = 0.667 \text{ V}$$
となる．

問3 量子化した値は 7.98 V であり，符号化した値は 0110 となる．

■2章■

問1 式(2・5)より
$$R'_{SN} = R_{SN} + 10 \log_{10}(M_s) = 6.0 \text{ dB}$$

問2 加算平均前の SNR が，$R_{SN} = 20$ dB の場合に，加算平均後が $R'_{SN} = 50$ dB となる加算平均の回数 M_s を求めればよい．式(2・5)より
$$50 = 20 + 10 \log_{10} M_s$$
より
$$M_s = 10^3$$
よって，少なくとも 1 000 回の加算平均が必要である．

問3 $M_m = 5$ の場合，$L = (M_m - 1)/2 = 2$ であるので，式(2・6)より移動平均は
$$y(2) = \frac{1}{M_m} \sum_{l=-2}^{l=2} x(2+l) = \frac{1}{5} \{x(0) + x(1) + x(2) + x(3) + x(4)\} = 1.2$$
$$\vdots$$

以上から
$$y(n) = [1.2 \ \ 1.0 \ \ 0.40 \ \ -0.20 \ \ -0.60 \ \ -0.20]$$
ただし，$y(0), y(1), y(8), y(9)$ は計算できないので，$n = 2, 3, ..., 7$．図は省略．

問4 （a） すべての試行での信号をそれぞれ時刻ごとに足し，試行回数 $M_s = 3$ で割ればよい．加算平均は，式(2・3)より
$$\bar{x}(n) = \frac{1}{M_s} \sum_{m=1}^{M_s} x(n, m)$$
である．すべての時刻 n における計算結果は次の表1と図1に示す．

（b） M_s 回の加算平均処理で，SNR は $10 \log_{10} M_s$ 〔dB〕だけ改善される．よって，$M_s = 4$ の加算平均処理によって改善される SNR は

● 表1　演習問題 2·6 の答え ●

n	0	1	2	3	4	5
$\bar{x}(n)$	-0.09	0.99	0.84	0.54	0.17	-0.05
$y(n)$	×	0.58	0.79	0.51	0.23	×

×のところは，計算不可能のため値がない．

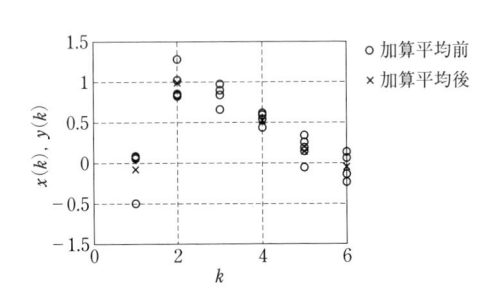

● 図1　加算平均前との加算平均後の結果 ●

$10 \log_{10} 4 \fallingdotseq 6$ dB

（c）　$M_m = 3$ 点の移動平均処理は，式(2·5)について，$L = (M_m - 1)/2 = 1$ である．したがって

$$y(0) = \frac{1}{3}\sum_{l=-1}^{l=1} x(0+l) = \frac{1}{3}\{x(-1) + x(0) + x(1)\} = \text{なし}$$

$$y(1) = \frac{1}{3}\sum_{l=-1}^{l=1} x(1+l) = \frac{1}{3}\{x(0) + x(1) + x(2)\} = 0.58$$

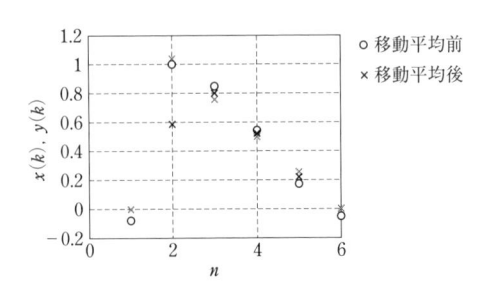

$\vdots$

● 図2　移動平均前と移動平均後の結果 ●

すべての時刻 n における計算結果は表1と図2に示す.

図2は $\bar{x}(n)$ （○）と $y(k)$ （×）の重ね書きである．×は真の信号成分であり，これはのこぎり波状の信号に対する処理とみなすことができる．移動平均によって $n=2$ の時刻の値が小さくなっている.

問5 解答略.

問6 解答略.

■ 3章 ■

問1 以下，n に対して計算結果を表示した図は省略する.

（a） 式(3・4)を用いて計算可能な $n=1$ から7まで微分処理後の出力信号を求めると出力信号 $y_1(n)$ は

$y_1(n)=[-9.0 \ -9.0 \ 3.0 \ 12 \ 3.0 \ -12]$ $n=1,2,3,...,6$

（b） 式(3・5)を用いて計算可能な $n=2$ から5までの低域微分処理後の出力信号 $y_2(n)$ は

$y_2(n)=[-5.0 \ 2.0 \ 6.0 \ 1.0]$ $n=2,3,4,5$

（c） 式(3・9)を用いて計算可能な $n=2$ から7までの積分処理後の出力信号 $y_3(n)$ は

$y_3(n)=[0.83 \ 0.17 \ 0.00 \ 0.50 \ 1.00 \ 0.67]$ $n=2,3,4,...,7$

（d） 式(3・7)を用いて $k=0$ から7までの完全積分処理後の出力信号 $y_4(n)$ は

$y_4(n)=[0.50 \ 0.83 \ 0.83 \ 0.67 \ 0.83 \ 1.3 \ 1.7 \ 1.5]$ $n=1,2,3,...,7$

問2 解答略.

問3 解答略.

問4 解答略.

■ 4章 ■

問1 （a） 平均値 $\mu_x = \dfrac{1}{N}\displaystyle\sum_{n=0}^{N-1} x(n) = \dfrac{1}{5}\sum_{n=0}^{4} x(n) = \dfrac{0.0+1.0+1.5+1.0-0.0}{5} = 0.70$

（b） 分散 $\sigma_x^2 = \dfrac{1}{N-1}\displaystyle\sum_{n=0}^{N-1}\{x(n)-\mu_x\}^2 = \dfrac{1}{4}\sum_{n=0}^{4}\{x(n)-0.70\}^2 = 0.45$

（c） 標準偏差 $\sigma_x = \sqrt{\sigma_x^2} = \sqrt{\dfrac{1}{N-1}\displaystyle\sum_{n=0}^{N-1}\{x(n)-\mu_x\}^2} = \sqrt{0.45} = 0.67$

（d） 実効値 $A_x = \sqrt{\dfrac{1}{N}\displaystyle\sum_{n=0}^{N-1}\{x(n)\}^2} = \sqrt{0.85} = 0.92$

問 2

$$A_x = \sqrt{\frac{1}{N}\sum_{n=0}^{N-1}\{x(n)\}^2} = \sqrt{2.39} = 1.55, \quad A_y = \sqrt{\frac{1}{N}\sum_{n=0}^{N-1}\{y(n)\}^2} = \sqrt{0.28} = 0.53$$

より，$x(n)$ のほうが実効値は大きい．

$$\mu_x = \frac{1}{N}\sum_{n=0}^{N-1}x(n) = \frac{1}{6}\sum_{n=0}^{5}x(n) = 1.5$$

$$\sigma_x = \sqrt{\sigma_x^2} = \sqrt{\frac{1}{N-1}\sum_{n=0}^{N-1}\{x(n)-\mu_x\}^2} = \sqrt{0.172} = 0.41$$

$$\mu_y = \frac{1}{N}\sum_{n=0}^{N-1}x(n) = \frac{1}{6}\sum_{n=0}^{5}x(n) = 0.375$$

$$\sigma_y = \sqrt{\sigma_y^2} = \sqrt{\frac{1}{N-1}\sum_{n=0}^{N-1}\{y(n)-\mu_y\}^2} = \sqrt{0.169} = 0.41$$

より，分散はほとんど変わらない．

問 3 SNR は，式 (4・12) を用いて計算する．

（a） $R_{SN} = 20\log_{10}\left(\dfrac{A_S}{A_N}\right) = 20\log_{10}\left(\dfrac{1}{0.1}\right) = 20\,\mathrm{dB}$

（b） $R_{SN} = 20\log_{10}\left(\dfrac{5}{5}\right) = 0\,\mathrm{dB}$

（c） $R_{SN} = 20\log_{10}\left(\dfrac{2}{4}\right) = -6\,\mathrm{dB}$

問 4 以下の計算式を参照．

$$R_{SN} = 20\log_{10}\left(\frac{A_S}{A_N}\right) = 90\,\mathrm{dB}$$

より

$$\frac{A_S}{A_N} = 10^{\frac{9}{2}} \fallingdotseq 3.16 \times 10^4$$

よって，SNR が 90 dB の場合，信号電圧実効値は，雑音電圧実効値の約 3 160 倍である．

問 5 解答略．
問 6 解答略．
問 7 解答略．
問 8 解答略．
問 9 解答略．
問 10 解答略．

■ 5章 ■

問1 $x(n)=[1\ 0\ 1\ 0\ 0]$ の自己相関関数 $R_{xx}(m)$ を式(5・1)にしたがって計算する.

∴ $R_{xx}(m)=\left[\dfrac{2}{5}\ 0\ \dfrac{1}{3}\ 0\ 0\right]$, ただし, $m=0, 1, ..., 4$.

図は省略.

問2 図5・11より, 自己相関関数は, m がおよそ190で周期的になっている. 標本化周波数 $f_s=22.05$ kHz より, 標本化間隔は, 1/22.05 ms である. これより, 自己相関関数に見られる周期は

$$mT = \dfrac{190}{22.05}\ \text{ms}$$

したがって, 求める成分の周波数は

$$\dfrac{22.05}{190}\ \text{kHz} = 0.116\ \text{kHz} = 116\ \text{Hz}$$

これは, 「あ」を発声したときの発声器官(声帯や喉など)に由来する基本振動数に相当する.

問3 $x(n)=[0\ 1\ -1\ 0]$, $y(n)=[1\ 1\ 1\ -1]$ の相互相関関数 $R_{xy}(m)$ を式(5・12)にしたがって計算する.

∴ $R_{xy}(m)=\left[0\ -\dfrac{1}{2}\ 0\ 0\ \dfrac{2}{3}\ -\dfrac{1}{2}\ 0\right]$, ただし $m=-3, -2, ..., 3$.

図は省略.

問4 図5・12より, 相互相関関数の最大値は, m がおよそ100のところに表れており, $m=100$ だけずらしたとき, $x(n)$, $y(n)$ の類似度が最も高いことを意味している.

したがってこの結果は, 標本化間隔 T から, $x(n)$, $y(n)$ の間には

$$mT=\dfrac{100}{22.05}=4.54\ \text{ms}$$

だけ位相差があることを示している.

問5 解答略.
問6 解答略.
問7 解答略.

■ 6章 ■

問1 サンプリング周波数 F_s, 信号長 N を用いると, スペクトルの周波数刻みは

$$\dfrac{F_s}{N}$$

となる. したがって

■ 演習問題解答

$$0.25 = \frac{1\,000}{N}$$

より

$$N = 4\,000$$

問 2

$$\frac{F_s}{N} = \frac{8\,000}{40\,000} = 0.2\,\text{Hz}$$

最大周波数は $F_s/2$ となるため

$$\frac{F_s}{2} = 4\,000\,\text{Hz}$$

問 3 （a） $a_0 = \dfrac{1}{2}\displaystyle\sum_{n=0}^{3} x(n)\{\cos(0)\} = \dfrac{3}{2}$

$$a_1 = \frac{1}{2}\sum_{n=0}^{3} x(n)\left\{\cos\left(\frac{2\pi n}{4}\right)\right\} = \frac{1}{2}(1+0+0+0) = \frac{1}{2}$$

$$b_1 = \frac{1}{2}\sum_{n=0}^{3} x(n)\left\{\sin\left(\frac{2\pi n}{4}\right)\right\} = \frac{1}{2}(0+1+0-1) = 0$$

同様に $k=3$ まで計算すると

$$a_0 = \frac{3}{2},\ a_1 = \frac{1}{2},\ a_2 = \frac{-1}{2},\ a_3 = \frac{1}{2}$$

$$b_1 = 0,\ b_2 = 0,\ b_3 = 0$$

したがって，周波数スペクトル $X(k)$ は

$$X(0) = \frac{3}{2},\ X(1) = \frac{1}{2},\ X(2) = \frac{-1}{2},\ X(3) = \frac{1}{2}$$

（b） $a_0 = 0,\ a_1 = 1,\ a_2 = 0,\ a_3 = 1$

$$b_1 = 1,\ b_2 = 0,\ b_3 = -1$$

したがって，周波数スペクトル $X(k)$ は

$$X(0) = 0\ X(1) = 1-j,\ X(2) = 0,\ X(3) = 1+j$$

問 4 （a） $|X(0)| = \dfrac{3}{2},\ |X(1)| = \dfrac{1}{2},\ |X(2)| = \dfrac{1}{2},\ |X(3)| = \dfrac{1}{2}$

$$\angle X(0) = \tan^{-1}\left(\frac{0}{3/2}\right) = 0,\ \angle X(1) = \tan^{-1}\left(\frac{0}{1/2}\right) = 0,$$

$$\angle X(2) = \tan^{-1}\left(\frac{0}{-1/2}\right) = 0,\ \angle X(3) = \tan^{-1}\left(\frac{0}{1/2}\right) = 0$$

（b）

$$|X(0)| = 0,\ |X(1)| = \sqrt{2},\ |X(2)| = 0,\ |X(3)| = \sqrt{2}$$

$$\angle X(0) = \tan^{-1}(0) = 0,\ \angle X(1) = \tan^{-1}\left(\frac{-1}{1}\right) = \frac{-\pi}{4},$$

$$\angle X(2) = \tan^{-1}(0) = 0, \quad \angle X(3) = \tan^{-1}\left(\frac{1}{1}\right) = \frac{\pi}{4}$$

■ 7 章 ■

簡略のため，入出力などについて $x(0)=0$, $x(1)=1$, $x(2)=2$ の表記を，$x(n) = [2, 1, \underline{0}]$ と書く．ただし，下線部が $n=0$ となる．

問 1

（a）

```
             1    1    1    1
                  2/3  1/3  0
            ─────────────────
                  2/3  1/3  0
             2/3  1/3  0
        2/3  1/3  0
   2/3  1/3  0
  ──────────────────────────────
   2/3  1    1    1    1/3  0
```

したがって，$y(n) = [2/3, 1, 1, 1, 1/3, \underline{0}]$

（b）

```
             1    1/2  0
        3/2  1    1/2  0
       ──────────────────
        0    0    0    0
        3/4  1/2  1/4  0
   3/2  1    1/2  0
  ────────────────────────────
   3/2  7/4  1    1/4  0   0
```

したがって，$y(n) = [3/2, 7/4, 1, 1/4, 0, \underline{0}]$

問 2 計算式は以下を参照．

$x(n) * h_1(n) = [1, 3/2, 1/2, \underline{0}]$

$(x(n) * h_1(n)) * h_2(n) = [2, 4, 5/2, 1/2, 0, \underline{0}]$

$x(n) * h_2(n) = [2, 3, 1, \underline{0}]$

$(x(n) * h_2(n)) * h_1(n) = [2, 4, 5/2, 1/2, 0, \underline{0}]$

したがって，可換側を満たす．

問 3 計算式は以下を参照．

$x(n) * h_1(n) = [1, 3/2, 1/2, \underline{0}]$

$x(n) * h_2(n) = [2, 3, 1, \underline{0}]$

$x(n) * h_1(n) + x(n) * h_2(n) = [3, 9/2, 3/2, \underline{0}]$

$h_1(n) + h_2(n) = [3, 3/2, \underline{0}]$

$x(n) * (h_1(n) + h_2(n)) = [3, 9/2, 3/2, \underline{0}]$

問 4　（a）　二つの入力 $x_1(n)=[1,0,\underline{1}]$，$x_2(n)=[1,0,-2]$ の分配則を考える．

$x(n)$ の中央値を $\mathrm{med}\{x(n)\}$ とすると

$\mathrm{med}\{x_1(n)\}=1$，$\mathrm{med}\{x_2(n)\}=0$

$\mathrm{med}\{x_1(n)\}+\mathrm{med}\{x_2(n)\}=1$

$\mathrm{med}\{x_1(n)+x_2(n)\}=0$

したがって，分配則は成立せず，非線形である．

（b）　$x_1(n)=[2,\underline{1}]$，$x_2(n)=[1,-1]$ の分配則を考える．

$y_1(n)=[4,4,\underline{1}]$，$y_1(n)=[2,-1,\underline{-1}]$

$y_1(n)+y_2(n)=[6,3,\underline{0}]$

$y_{12}(n)$ を $x_1(n)+x_2(n)$ を入力とした出力とすると

$y_{12}(n)=[6\ 3\ \underline{0}]$

したがって，分配則は成立し線形である（ほかの性質も成立する）．

（c）　$x_1(0)=2$，$x_2(0)=3$ の分配則を考える．

$y_1(0)=4$，$y_2(0)=9$

$y_1(0)+y_2(0)=13$

$y_{12}(n)$ を $x_1(n)+x_2(n)$ を入力とした出力とすると

$y_{12}(n)=(2+3)^2=25$

したがって，分配則が成立せず非線形である．

8 章

問 1　$X(z)=1+2z^{-1}$

$H(z)=1+2z^{-1}+z^{-2}$

問 2　$y(0)=1$，$y(1)=4$，$y(2)=5$，$y(3)=2$

$Y(z)=1+4z^{-1}+5z^{-2}+2z^{-3}$

問 3　$X(z)\times H(z)=(1+2z^{-1})(1+2z^{-1}+z^{-2})=1+4z^{-1}+5z^{-2}+2z^{-3}$

問 4　（a）

$$X(z)=\frac{0.4z^{-1}}{1-1.2z^{-1}+0.32z^{-2}}=\frac{0.4Z^{-1}}{(1-0.4z^{-1})(1-0.8z^{-1})}$$

部分分数分解を用いると

$$=\frac{-1}{1-0.4z^{-1}}\cdot\frac{1}{1-0.8z^{-1}}$$

変換表より

$x(n)=-0.4^n+0.8^n$

（b）　$x(0)=3$，$x(1)=0$，$x(2)=1$，$x(3)=-4$

問5

$$H(z)=\sum_{n=-\infty}^{\infty}h(n)z^{-n}=\frac{1}{3}z+\frac{1}{3}+\frac{1}{3}z^{-1}=\frac{z+1+z^{-1}}{3}$$

$z=e^{j2\pi fT_s}$ を代入すると

$$H(e^{j2\pi fT_s})=\frac{e^{j2\pi fT_s}+1+e^{-j2\pi fT_s}}{3}=\frac{1+2\cos(2\pi fT_s)}{3}$$

9章

問1 2次の差分方程式の z 変換は

$$Y(z)=a_1 Y(z)z^{-1}+a_2 Y(z)z^{-2}+X(z)$$
$$=\frac{z^2}{z^2-a_1 z-a_2}X(z)$$

となる．これを逆 z 変換して，

$$y(t)=\frac{1}{2\pi j}\oint \frac{z^{t+1}}{z^2-a_1 z-a_2}X(z)dz$$

と求まる．

問2 $s=j\omega$ を代入して

$$H(j\omega)=\frac{1}{j\omega}$$
$$=-j\frac{1}{\omega}$$

よって，振幅特性と位相特性は

$$|H(j\omega)|=20\log_{10}\left(\frac{1}{\omega}\right)$$
$$=-20\log_{10}(\omega)$$

$$\angle H(j\omega)=\tan^{-1}\left(\frac{-\frac{1}{\omega}}{0}\right)$$
$$=\tan^{-1}(-\infty)$$
$$=-\frac{\pi}{2}$$

となり，BODE 線図は，次のようになる．

(a) 振幅特性　　　　　　　　　　　　　　　(b) 位相特性

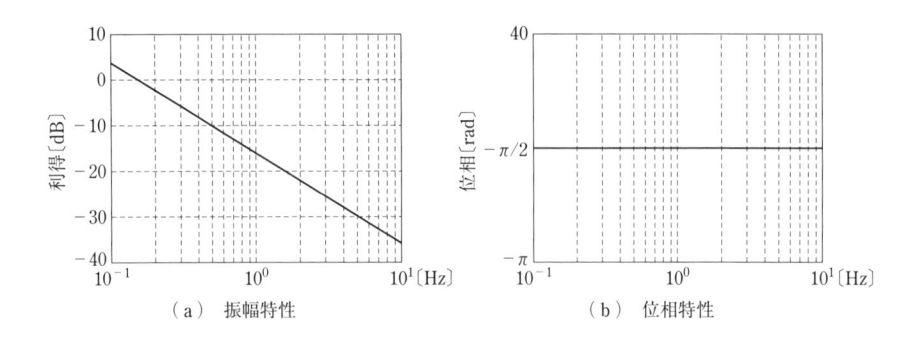

■ 10章 ■

問1 $y(t)=x(t)-x(-1)$ の z 変換は以下のようになる．
$$Y(z)=X(z)(1-z^{-1})$$
したがって，伝達関数は
$$H(z)=\frac{Y(z)}{X(z)}=1-z^{-1}$$
$z=e^{-j\omega\Delta t}$ を代入して
$$H(e^{j\omega\Delta t})=1-e^{-j\omega\Delta t}$$
$$=(1-\cos\omega\Delta t)+j\sin\omega\Delta t$$
となる．よって振幅特性は
$$|H(e^{j\omega\Delta t})|=\sqrt{(1-\cos\omega\Delta t)^2+\sin^2\omega\Delta t}$$
$$=2\sin\frac{\omega\Delta t}{2}$$
と求まる．また，位相特性は
$$\angle H(e^{j\omega\Delta t})=\tan^{-1}\frac{\sin\omega\Delta t}{(1-\cos\omega\Delta t)}$$
$$=\tan^{-1}\cot\left(\frac{\omega\Delta t}{2}\right)$$

問2 連続信号 $x(t)$ を時刻 0 から t までの積分を考える．
$$y(t)=\int_0^t x(t)dt$$
次に，$x(t)$ がサンプリング間隔 Δt でサンプリングされた離散信号であるとし，同積分を台形公式を用いて表すと
$$y(t\Delta t)-y((t-1)\Delta t)=\frac{1}{2}\{x(t\Delta t)+x(t-1)\Delta t\}\Delta t$$
z 変換すると

$$Y(z)-Y(z)z^{-1}=\frac{1}{2}\{X(z)+X(z)z^{-1}\}\Delta t$$

となる.つまり,積分の伝達関数は

$$\frac{Y(z)}{X(z)}=\frac{1}{2}\cdot\frac{1+z^{-1}}{1-z^{-1}}\Delta t$$

となる.積分の s 領域での表現は $1/s$ であるから

$$\frac{1}{s}=\frac{1}{2}\cdot\frac{1+z^{-1}}{1-z^{-1}}\Delta t$$

$$s=\frac{2}{\Delta t}\cdot\frac{1-z^{-1}}{1+z^{-1}}$$

問3 s 領域における角周波数は $s=j\omega_s$, z 領域における角周波数は,$z=e^{j\omega_z \Delta t}$ であるから,これを式(10·35)に代入して

$$j\omega_s=\frac{2}{\Delta t}\cdot\frac{1-e^{-j\omega_z\Delta t}}{1+e^{-j\omega_z\Delta t}}$$

$$=\frac{2}{\Delta t}\tan h\left(\frac{-j\omega_z\Delta t}{2}\right)$$

$$=\frac{2}{\Delta t}\tan\frac{\omega_z\Delta t}{2}$$

■ 11 章 ■

問1 この AR モデルの特性方程式は

$$A(m)=1-a_1 m-a_2 m^2=0$$

である.このときの解 m_1, m_2 の絶対値がともに1よりも大きくなるように係数を求めればよい.

まず,$A(m)=0$ が実数となるときを考えると

$$D=a_1^2+4a_2\geqq 0$$

であるから,二つの解 (m_1, m_2) が $(-1, 1)$ の間となる条件は

$$-1<\frac{a_1}{2}<1,\ \ 1+a_1-a_2>0,\ \ 1-a_1-a_2>0$$

である.次に $A(m)=0$ が虚数解となるときを考えると

$$D=a_1^2+4a_2<0$$

であるから

$$|m_1|^2=|m_2|^2>1$$

であればよい.これらをまとめるとこの問題の AR モデルが定常性を有するためには

$$a_1+a_2<1,\ \ a_2<1+a_1,\ \ -1<a_2<1$$

の条件を満たせばよい．したがって，係数 a は次のように求められる．

$$0.7+a<1, \quad a<1+0.7, \quad -1<a<1$$

まとめると

$$-1<a<0.3$$

となる．

問 2 式(11·20)のうち AR モデルに関わる部分は

$$\mathrm{AIC}_{\mathrm{AR}}=N\cdot\ln(2\pi\sigma_p^2)+(p+1)$$

である．補足であるが，これを AIC としてモデル次数の推定をすることもある．

■ 12 章 ■

問 1 解答略．

問 2 解答略．

索 引

▶ 英　字 ◀

A/D 変換　6
AIC　141
AR 係数　136

BODE 線図　120
Burg 法　139

dB　56

FIR ディジタルフィルタ　124

IIR ディジタルフィルタ　132

MA フィルタ　23

RMS　51

SNR　17, 56

z 変換　103

▶ ア　行 ◀

赤池の情報規準量　141
アナログ-ディジタル変換　6

位　相　84
位相スペクトル　88
位相特性　109, 119
一様分布　55
移動平均　23

移動平均フィルタ　23
因果性　95
インパルス応答　97

ウィナー・ヒンチンの定理　69, 88

エイリアシング　9
エネルギー　51

オイラー法　115

▶ カ　行 ◀

階　級　53
ガウスノイズ　55
ガウス分布　55
可換則　100
角速度　80
重ね合わせの定理　94
加算平均　18
片側 z 変換　103
完全積分　40

ギブス現象　131
逆 z 変換　107
逆相関　76
逆離散フーリエ変換　83

区間積分　40

結合則　100

索　引

▶ サ　行 ◀

雑　音　*16*
雑音成分　*17, 55*
差分方程式　*114*

時間差　*63*
自己回帰モデル　*136*
自己共分散関数　*63*
自己相関関数　*62*
自己相関係数　*69*
システム　*93*
実効値　*51*
時不変システム　*94*
周期記号　*80, 81*
周波数応答　*119*
周波数スペクトル　*82*
周波数　*79*
周波数特性　*109, 119*
周波数分析　*79*
収束領域　*105*
瞬時パワー　*50*
信号成分　*16*
信号対雑音比　*17, 56*
振幅スペクトル　*88*
振幅特性　*109, 119*

推　移　*106*

正規雑音　*55*
正規分布　*55*
声　紋　*149*
積分処理　*34, 40*
線形システム　*94*
線形時不変システム　*93*

線形性　*86, 105*

双一次変換法　*134*
相関係数　*74, 76*
相　関　*76*
相互共分散関数　*74*
相互相関関数　*70*
相互相関係数　*74*
ソナグラム　*149*

▶ タ　行 ◀

台形公式　*44*
対称性　*86*
畳み込み　*98, 107*
単位ステップ関数　*104*
短時間スペクトル　*148*
短時間スペクトル分析　*148*

中央値　*28, 47*
中心極限定理　*59*
直流成分　*47*
直交性　*84*

低減微分処理　*38*
ディジタルインパルス　*96*
定常性　*23*
デシベル　*57*
電源雑音　*17*
伝達関数　*107*

同期加算　*18*
度　数　*53*
度数分布図　*53*
度数分布表　*53*
突発性雑音　*29*

索 引

▶ ナ 行 ◀

ナイキスト周波数　8

二乗平均平方根　51

ノイズ　16

▶ ハ 行 ◀

白色雑音　17, 55
パワー　50
パワースペクトル　88

非周期信号　81
ヒストグラム　53
非線形システム　95
微分処理　34, 40
標本化周波数　6
標準偏差　49
標本化　6
標本化間隔　6
標本化定理　8
ビン　53

フーリエ級数　80
フーリエ係数　80
フーリエ変換　81
符号化　12

不偏分散　49
フレーム化処理　148
分　散　49
分配則　101

平滑化　24
平滑化フィルタ　24
平均値　47
平均パワー　51

母集団　58
母分散　58
母平均　58
ホワイトノイズ　55

▶ マ 行 ◀

無相関　76

メディアンフィルタ　27

▶ ヤ 行 ◀

ユール・ウォーカー方程式　138

▶ ラ 行 ◀

離散フーリエ変換　82
両側 z 変換　103
量子化　11
量子化誤差　11

〈編者・著者略歴〉

岩田　彰（いわた　あきら）
1975 年　名古屋大学大学院修士課程修了
1981 年　工学博士
現　在　名古屋工業大学名誉教授

平田　豊（ひらた　ゆたか）
1995 年　豊橋技術科学大学大学院工学研究科博士後期課程システム情報工学専攻修了
1995 年　博士（工学）
現　在　中部大学工学部情報工学科教授

石原彰人（いしはら　あきと）
2000 年　豊橋技術科学大学大学院工学研究科電子・情報工学専攻　修了
2000 年　博士（工学）
現　在　中京大学工学部機械システム工学科准教授

稲垣圭一郎（いながき　けいいちろう）
2007 年　中部大学工学研究科情報工学専攻博士後期課程修了
2007 年　博士（工学）
現　在　中部大学総合工学研究所助教，理化学研究所神経情報基盤センター客員研究員

板井陽俊（いたい　あきとし）
2008 年　愛知県立大学大学院情報科学研究科情報科学専攻博士後期課程修了
2008 年　博士（情報科学）
現　在　中部大学工学部情報工学科助教

- 本書の内容に関する質問は，オーム社ホームページの「サポート」から，「お問合せ」の「書籍に関するお問合せ」をご参照いただくか，または書状にてオーム社編集局宛にお願いします．お受けできる質問は本書で紹介した内容に限らせていただきます．なお，電話での質問にはお答えできませんので，あらかじめご了承ください．
- 万一，落丁・乱丁の場合は，送料当社負担でお取替えいたします．当社販売課宛にお送りください．
- 本書の一部の複写複製を希望される場合は，本書扉裏を参照してください．

JCOPY ＜出版者著作権管理機構 委託出版物＞

新インターユニバーシティ

ディジタル信号処理

2013 年 10 月 20 日　第 1 版第 1 刷発行
2024 年 9 月 20 日　第 1 版第 7 刷発行

編著者　岩田　彰
発行者　村上和夫
発行所　株式会社オーム社
　　　　郵便番号　101-8460
　　　　東京都千代田区神田錦町 3-1
　　　　電話　03(3233)0641(代表)
　　　　URL https://www.ohmsha.co.jp/

© 岩田彰 2013

印刷　三美印刷　製本　協栄製本
ISBN978-4-274-21457-8　Printed in Japan

新インターユニバーシティシリーズ のご紹介

- 全体を「共通基礎」「電気エネルギー」「電子・デバイス」「通信・信号処理」「計測・制御」「情報・メディア」の6部門で構成
- 現在のカリキュラムを総合的に精査して、セメスタ制に最適な書目構成をとり、どの巻も各章1講義、全体を半期2単位の講義で終えられるよう内容を構成
- 実際の講義では担当教員が内容を補足しながら教えることを前提として、簡潔な表現のテキスト、わかりやすく工夫された図表でまとめたコンパクトな紙面
- 研究・教育に実績のある、経験豊かな大学教授陣による編集・執筆

各巻 定価(本体2300円【税別】)

暗号とセキュリティ
神保 雅一 編著 ■ A5判・186頁

【主要目次】 暗号とセキュリティの学び方/暗号の基礎数理/鍵交換/RSA暗号/エルガマル暗号/ハッシュ関数/デジタル署名/共通鍵暗号1/共通鍵暗号2/プロトコルの理論と応用/ネットワークセキュリティとメディアセキュリティ/法律と行政の動き/セキュリティと社会

確率と確率過程
武田 一哉 編著 ■ A5判・160頁

【主要目次】 確率と確率過程の学び方/確率論の基礎/確率変数/多変数と確率分布/離散分布/連続分布/特性関数/分布限界,大数の法則,中心極限定理/推定/統計的検定/確率過程/相関関数とスペクトル/予測と推定

情報ネットワーク
佐藤 健一 編著 ■ A5判・172頁

【主要目次】 情報ネットワークの学び方/情報ネットワークの基礎(1)/情報ネットワークの基礎(2)/情報ネットワークの基礎(3)/インターネットとそのプロトコル/イーサネットとインターネット・プロトコル/インターネット・プロトコルとインターネットワーク/待ち行列理論(1)/待ち行列理論(2)/待ち行列理論(3)/広域ネットワーク構成技術(1)/広域ネットワーク構成技術(2)/広域ネットワーク構成技術(3)

インターネットとWeb技術
松尾 啓志 編著 ■ A5判・176頁

【主要目次】 インターネットとWeb技術の学び方/インターネットの歴史と今後/インターネットを支える技術/World Wide Web/SSL/TTS/HTML, CSS/Webプログラミング/データベース/Webアプリケーション/Webシステム構成/ネットワークのセキュリティと心得/インターネットとオープンソフトウェア/ウェブの時代からクラウドの時代へ

メディア情報処理
末永 康仁 編著 ■ A5判・176頁

【主要目次】 メディア情報処理の学び方/音声の基礎/音声の分析/音声の合成/音声認識の基礎/連続音声の認識/音声認識の応用/画像の入力と表現/画像処理の形態/2値画像処理/画像の認識/画像の生成/画像応用システム

電子回路
岩田 聡 編著 ■ A5判・168頁

【主要目次】 電子回路の学び方/信号とデバイス/回路の働き/等価回路の考え方/小信号を増幅する/組み合わせて使う/差動信号を増幅する/電力増幅回路/負帰還増幅回路/発振回路/オペアンプ/オペアンプの実際/MOSアナログ回路

ディジタル回路
田所 嘉昭 編著 ■ A5判・180頁

【主要目次】 ディジタル回路の学び方/ディジタル回路に使われる素子の働き/スイッチングする回路の性能/基本論理ゲート回路/組合せ論理回路(基礎/設計)/順序論理回路/演算回路/メモリとプログラマブルデバイス/A-D, D-A変換回路/回路設計とシミュレーション

論理回路
髙木 直史 編著 ■ A5判・166頁

【主要目次】 論理回路の学び方/2進数/論理代数と論理関数/論理関数の表現/論理関数の諸性質/組合せ回路/二段組合せ回路の設計(1)/二段組合せ回路の設計(2)/多段組合せ回路の設計/同期式順序回路とフリップフロップ/同期式順序回路の解析/同期式順序回路の設計/有限状態機械

もっと詳しい情報をお届けできます。
- 書店に商品がない場合または直接ご注文の場合も右記にご連絡ください。

ホームページ http://www.ohmsha.co.jp/
TEL/FAX TEL.03-3233-0643 FAX.03-3233-3440

(定価は変更される場合があります)